Petra Paffenholz

BUCHBINDEN
im japanischen Stil

Petra Paffenholz

BUCHBINDEN im japanischen Stil

Anleitungen und Inspirationen für dekorative Einbände und Bindungen

Haupt Verlag

54 TEIL 2: DIE PROJEKTE

56 Inspiration FRÜHLING

84 Inspiration SOMMER

TEIL 2: DIE PROJEKTE

110 Inspiration HERBST

140 Inspiration WINTER

166 TEIL 3: INSPIRATION JAPANREISE

» Alle Vorlagen auch als Download unter www.haupt.ch/buchbinden-im-japanischen-stil

Einleitung

Das vorliegende Buch basiert auf meinen ganz persönlichen Vorlieben – dem Buchbinden und der Bewunderung für die japanische Handwerkskunst. Diesen beiden Aspekten ist das Buch gewidmet, sie sind zum Leitfaden geworden.

Auf meiner ersten Reise nach Japan habe ich in dem Kaufhaus *Mitsukoshi,* Tokio, eine Ausstellung über verschiedene landestypische kunsthandwerkliche Techniken besucht. Von Keramik oder Lackkunst bis hin zu handgewebten Kimonos deckte diese Schau alle bekannten Bereiche ab. Aber bei den geflochtenen Körben erlebte ich etwas gänzlich Unerwartetes: Es wurde für mich physisch spürbar, in welcher Qualität die Exponate gefertigt waren. Diese perfekte Balance zwischen den verwendeten Zutaten, die Breite des geflochtenen Materials im Verhältnis zur Gesamtgröße des Korbes, die elegante Verschlankung zu den beiden gegenüberliegenden Enden hin – es war geradezu ein Schock des Staunens und der Bewunderung. Nichts durfte weggenommen oder hinzugefügt werden, sonst wäre die einzigartige Balance des Korbes zerstört worden. Die Meisterschaft zeigte sich in der eleganten Leichtigkeit, die von diesem Flechtkorb ausging.

Anhand dieses einen Beispiels möchte ich meiner Bewunderung für die durchweg exquisite Kunstfertigkeit Japans Ausdruck verleihen. Ob bei der Schmiedekunst, dem Blumenstecken, dem Weben, dem Stofffärben, der Papier-

herstellung, dem Holzschnitt, der Kunstfertigkeit der Schreiner beim Tempelbau, dem Schnitzen der *No*-Masken, ja in allen Lebensbereichen lässt sich diese erstaunliche Qualität finden. Sie lebt von der Tradition, wenn der Meister, *sensei*, sein Wissen und seine Erfahrungen an die Schüler weitergibt, Generation für Generation. Es ist die Geduld und Kunst des Schülers, ungefähr zehn Jahre lang „Anfänger" zu bleiben, bevor er die fortgeschrittene Stufe erreicht. Es scheint mir, als ob in jedem Gewerk die wahre Kunst darin besteht, sich vollkommen auf das Material einzulassen, es sorgfältig zu begreifen, es auf subtile Weise zu verstehen mit dem Ziel, die Fertigkeit bis zur absoluten Perfektion, bis zur Vollendung zu treiben, ja sogar darüber hinauszugehen, wenn irgend möglich. Diese Hingabe an das Material führt meines Erachtens zu solch einer bewundernswerten Verfeinerung, die als „Aura" oder „Seele" den geschaffenen Gegenständen anhaftet. Sie ist sicher mehr zu spüren als offensichtlich zu erkennen. Wenn man so möchte, wird als „Understatement des Handwerks" die Grenze der Funktionalität zur Kunst überschritten. Diese Sensibilität und dieser Perfektionismus durchziehen alle japanischen Lebensbereiche. Sei es der *Sushi*-Meister mit der exquisit geformten, essbaren Miniskulptur oder der Zimmermann, der Hunderte von Holzverbindungen ohne Nagel und Schraube kennt, um traditionelle Schreine und Tempel zu fertigen.

Am Beispiel der Teezeremonie lässt sich dies ebenso erleben. Die keramische Teeschale wird gemäß hoher Qualitätsstandards mit kunstvollem, handwerklichem Geschick geformt. Diese Ästhetik wird aber gebrochen, indem kleine Fehler bewusst eingebracht werden, beispielsweise der Fingerabdruck des Töpfers in der Glasur.

Da es ziemlich unwahrscheinlich ist, dass ich je diese Perfektion mit meinen gebundenen Büchern erreichen werde, beginne ich gleich an der Stelle, wo der „Daumenabdruck" eine Rolle spielt. Ich gönne mir das „Un-Perfekte", bin sanftmütig und mild mit mir selbst und gestatte mir eine gewisse Unzulänglichkeit.

Um die vielen Ideen für das vorliegende Buch zu strukturieren, bot sich mir eine sehr japanische Möglichkeit: Anhand der Jahreszeiten ergibt sich eine natürliche Unterteilung. Der Alltag in Japan ist in diesem Rhythmus strukturiert, sei es bei der Wahl einer passenden Geschenkverpackung oder bei der sorgfältigen Zubereitung der Speisen mit saisonalen Produkten. Ein besonderes Augenmerk liegt auf der jeweiligen Jahreszeit. Im Frühling gibt es überall Kirschblüten und im Herbst das Ahornblatt. So einfach ist das.

Vielleicht darf man dabei auch an ein wesentliches Prinzip der buddhistischen Philosophie denken, die besagt, dass alles unbeständig und vergänglich ist. Jedem Menschen, der aufmerksam die Natur beobachtet, wird dies anschaulich vor Augen geführt. In der japanischen Kultur mag dies noch tiefer verankert sein.

Herzlich lade ich Sie ein zum Abenteuer „Buchbinden im japanischen Stil" – mit Enthusiasmus, Geduld und Experimentierfreude!

Im ersten Teil des Buchs finden Sie Wissenswertes über japanische Buchkunde sowie grundlegende Techniken. Im zweiten Teil gibt es verschiedene Bindungen, Möglichkeiten der Einbandgestaltung und natürlich die Projekte zu entdecken.

Diese können mit dem Grundwissen aus der Einführung selbst gefertigt werden.

日本郵便
NIPPON
62

Das japanische Buch
Materialien
Techniken

Besonderheiten des japanischen Buchs

Von „hinten nach vorne“ lesen

Die Besonderheit japanischer Bücher? Sie werden von „hinten nach vorne“ gelesen, zumindest empfinden wir das als Europäer so.

Mit dem Import des Buddhismus aus China kamen auch das Schriftsystem, die Buchbindetechnik und der Holzschnitt nach Japan. Die buddhistischen Texte wurden mit Holzschnitt gedruckt und durch verschiedene Buchformen zusammengehalten (Stab-Bindung mit Papierfalte nach vorne, siehe Seite 13). Mit der Tradition, Schriftstücke auf eine Schriftrolle *makimono* zu schreiben, entwickelte sich die Schreibweise von rechts oben nach links unten. Hierbei wird der Pinsel sehr senkrecht gehalten, wie bei einer Kalligrafie, sodass man in den Reihen von oben nach unten, von rechts nach links seinen Text mit Tusche niederschreibt. Heutzutage werden bunte Magazine, Kochzeitschriften, Romane und Manga in gleicher Weise publiziert und gelesen. Wissenschaftliche Fachliteratur mit mathematischen Formeln wird allerdings horizontal, auf westliche Art gedruckt. Bei Bilderbüchern finden sich häufig beide Varianten. So gibt es im japanischen Alltag eine Vielzahl an Schreib- und Leseweisen zu entdecken.

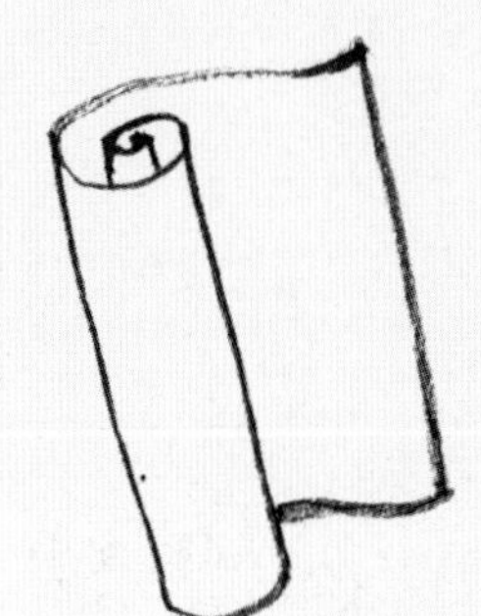

« Im Buch von der Rolle beginnt man rechts außen und schreibt in Reihen von oben nach unten, wobei sich die Rolle während des Schreibvorgangs aufrollt, ohne die frisch geschriebene Tusche zu verschmieren.

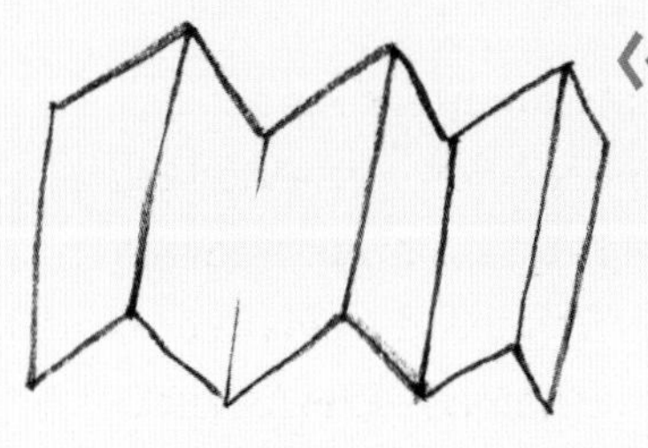

« Die Akkordeon-Faltung: Die Lese- und Schreibrichtung beginnt auf der rechten Seite – von rechts oben nach unten, Reihe für Reihe, bis zum linken Blattrand.

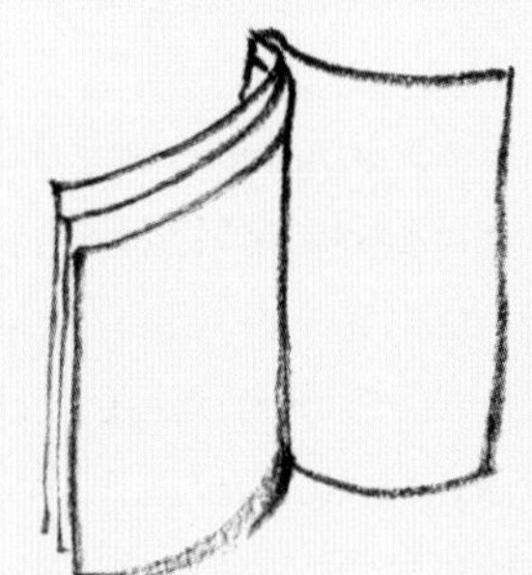

« Auch die traditionell gebundenen Bücher, bei denen der Buchblock aus gefalteten Blättern besteht, folgen dieser Lese- und Schreibrichtung.

Auf dem Bild sehen Sie ein Kinderbuch mit der ISBN-Nummer rechts auf dem Einband und dem Titelbild links. Auch im Inneren zieht sich diese Leserichtung fort.

Die klassische Variante mit einem gebundenen, offenen Rücken gibt es neben den vertrauten Buchbindungen weiterhin zu kaufen. Bei dem kleinen Büchlein liegt das Papier doppelt, die gefaltete Kante zeigt nach vorne, gleichsam eine Tasche bildend. Die ursprüngliche Idee dahinter: Dies soll verhindern, dass die Tusche auf die nächste Seite durchschlägt.
Das Beispiel zeigt, was wir im Allgemeinen mit einem japanischen Buch verbinden: Die klassische Vier-Loch-Stab-Bindung und der Titel, der an tradierter Position angebracht ist, in der linken oberen Ecke des Einbands. Ebenso gut möglich ist die Positionierung im Zentrum des Einbands.

Eine zweite typische Buchform *orihon* besteht darin, die Seiten zu einem „Akkordeon" zusammenzukleben. Buddhistische Sutras wurden zuerst von einem Holzschnitt gedruckt und danach zu einem Leporello zusammengefügt, d. h. die gefalteten Seiten werden schmal an den Kanten zusammengeklebt, mit *nori*, einem Klebstoff, der aus Reisstärke gemacht wird. Auf diese Weise entsteht eine Akkordeon-Faltung, die wiederum zwischen zwei festen Buchdeckeln fixiert ist.
Die vorgestellten Projekte sind zum Teil inspiriert aus der Verbindung von Tradition und Kreativität.

Ein prächtiges Beispiel für ein japanisches Buch ist dieses Pilger-Logbuch, *nokyocho*.
Bei allen Tempeln und Schreinen gibt es eine Art Büro, *nokyo*, wo man nach dem Tempel- oder Schreinbesuch gegen ein kleines Entgelt seinen Eintrag in das *nokyocho* erhält – in Form einer wunderschönen Kalligrafie, kombiniert mit einem oder mehreren roten Stempeln. So bekommt jeder Besucher seine eigene Kalligrafie immer wieder aufs Neue ausgeführt. Alleine das Zuschauen lohnt sich, auch wenn die Motivation hierfür nicht religiöser Natur ist.
Der Buchtitel auf der „Rückseite", also auf der Vorderseite des japanischen Buchs, ist auf einem Papier mit goldfarbenen Sprenkeln gedruckt. Dieses sehr dekorative Papier findet man häufig in den entsprechenden Papiergeschäften.

»Selbstverständlich ist es mit den *kadogire*, den geklebten Ecken (siehe rechts) gefertigt.

Geklebte Ecken

Eine weitere Besonderheit des japanischen Buchs sind die geklebten Ecken, die passgenau mit den Fäden der Bindung übereinstimmen – echte Präzisionsarbeit.

Mit diesen dekorativen Ecken, *kadogire** genannt, entsteht die typisch „japanische Anmutung" eines Buchs. Nicht nur aus Schönheitsgründen wird dies gemacht, sondern auch, um das Buch in Form zu halten. Denn Ecken ohne *kadogire* sind sehr schnell abgestoßen und sehen dann „unordentlich" aus – Eselsohren eben. Mit dieser Methode wird das vermieden. Bei Einbänden mit Tonpapier ist dies zu empfehlen, während bei Halbleinen-Büchern die feste Pappe den inneren Buchblock schützend in Form hält. Dieses Eckstück entspricht in der Größe / Breite der Bindung. Beim Aufklappen stören sie also nicht. Auch ein Stück *Washi*-Tape kann schon hilfreich und dekorativ sein, indem es am Buchblock aufgeklebt wird (siehe Seite 79). Eine genaue Anleitung für geklebte Ecken finden Sie auf Seite 32.

Buchblock mit innerer Bindung

Ein weiterer Unterschied besteht in der Fertigung des Buchblocks, also des Innenteils. Ein klassisch gebundenes japanisches Buch hat den Buchblock zuvor mit einer inneren Bindung fixiert. Dies geschieht traditionellerweise mit kleinen „Papierfähnchen". Sie heißen *nakatoji***, „innere Bindung". Eine Anleitung für die innere Bindung finden Sie auf Seite 29.

* *kadogire: kado: Winkel, Ecke, Straßenecke; gire: vollständig aufbrauchen, ergänzen*

** *nakatoji: naka: Inneres, Innenseite; toji: zusammenheften, zunähen*

Buch- und Papierformate in Japan

Cyperus papyrus L.

Die Papierformate, industriell oder per Hand geschöpft, sind für ein Buchformat entscheidend. Darin gibt es keinen Unterschied zwischen japanischen und europäischen Büchern. In Japan finden sich alle uns vertrauten Buchformate, manchmal etwas kleiner als das DIN-A4-Format. Für traditionelle Bücher gilt es, die Größe des handgeschöpften Papierbogens zu halbieren und zu falten, um das gewünschte Format mit der Falte an der Vorderseite zu erhalten. Ein solches Buch kann dann leicht in der Stab-Bindung gebunden werden (siehe Seite 64).

Die Städte, in denen das Papier in verschiedenen, regional abweichenden Größen hergestellt wurde, sind gleichzeitig Namensgeber.

Mir persönlich hat es das schmale Querformat *oblong** angetan. Das ich es als „besonders japanisch" empfinde, habe ich es fast ausschließlich für die Projekte in diesem Buch verwendet. Es erinnert mich an das Format der hängenden Schriftrollen, *kakemono***, die traditionell in eine *tokonoma**** gehängt werden. Sie inspirierten mich zu den überwiegend im Querformat gefertigten Büchern, derweil die klassischen japanischen Bücher im Hochformat gebunden sind.

Wie auch immer, das Querformat scheint mir ideal zu sein im Zusammenspiel zwischen der japanischen Bindung (zumal, wenn sie sehr üppig und raumgreifend eingesetzt wird) und dem Platzbedarf, den das Papier beim Umschlagen benötigt. So bleibt dennoch ausreichend Fläche zum Schreiben oder Zeichnen, wie es unter anderem das Sommerprojekt *Seigaiha* zeigt (siehe Seite 94).

Das Hochformat empfehle ich eher für einfache Einbände aus Tonpapier und Fotokarton. Damit können Sie ein Heft herstellen, das sich mit dem Falz leicht aufschlagen lässt und ebenfalls ausreichend Platz zum Schreiben bietet. Wie bei dem Frühlingsprojekt *Hana lächelt* (siehe Seite 68) gezeigt, kann hier auch sehr gut ein einfaches, liniertes oder kariertes Schreibpapier zum Einsatz kommen.

* *oblong: stammt ab vom lateinischen Wort „oblongus", ist heute allerdings veraltet*

** *kakemono: Hängebild, hochformatiges Rollbild zum Aufhängen; kake: zeichnen, malen skizzieren, ein Bild entwerfen; kakeru: aufhängen, hängen; mono: Person, Ding, Sache Gegenstand*

*** *tokonoma: Bettnische, kleine Nische in traditionellen Zimmern, die mit Tatami-Matten (Matten aus Reisstroh) ausgelegt sind*

Die Papierformate:

oblong:	ca. 30 x 17 bis 18 cm
oban:	ca. 39,5 x 26,8 cm
hazama-ban:	Hochformat, ca. 23 x 33 cm
hozo-ban:	Schmalformat, ca. 30 bis 33,5 x 15,5 cm (meinem Lieblingsformat ähnlich)

Die DIN-Norm erleichtert es ungemein, ein Buch zu binden. Die Falte bildet den Rücken. Aus einem gefalteten DIN-A3-Papier entsteht auch ein DIN-A4-Buch, dann aber ohne die Falte. Kleinere Größen ergeben sich logisch aus diesem Wissen. Nur Sondergrößen müssen Sie selbst berechnen und zuschneiden.

A

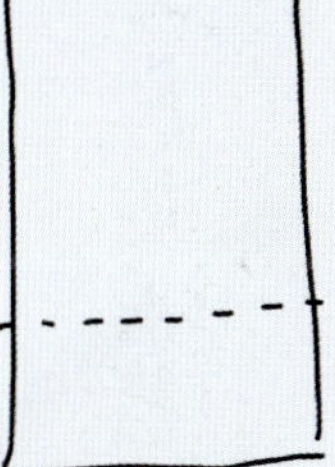

Einen DIN-A2-Bogen hochkant legen, in der gewünschten Buchhöhe einen Streifen abschneiden.

Der Bogen wird gefaltet und misst 21 cm in der Breite. (DIN-A4)

B

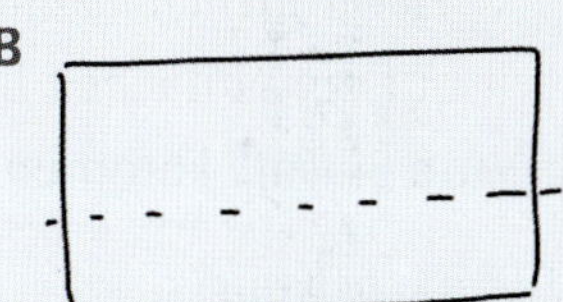

Einen DIN-A2-Bogen quer legen, in der gewünschten Buchhöhe einen Streifen abschneiden.

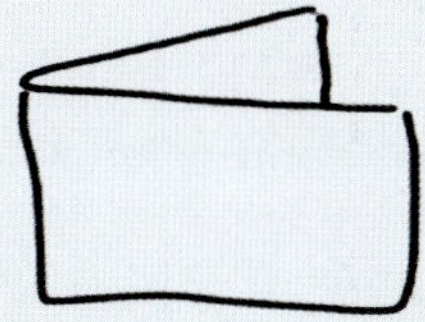

Der Bogen wird gefaltet und hat nun die Breite für ein DIN-A3-Buch.

Miniaturbücher

In Japan findet man häufig Gegenstände, die in außergewöhnlicher Winzigkeit hergestellt werden. Als ein Beispiel für diese Faszination des Kleinen sei hier das Miniaturbuch genannt. Miniaturbücher sind niedlich und wecken spontan das Gefühl, sie besonders gern zu haben und sie beschützen zu wollen. Ob so winzige Bücher in erster Linie nützlich sind, bleibt offen, aber beeindruckend sind sie allemal.

Für alle diejenigen, die sich etwas zutrauen und sich einmal selbst in die Welt des Kleinen begeben möchten, sei hier die *Gesellschaft für Miniaturbücher* genannt. Vielleicht lassen Sie sich inspirieren? Im Berliner Verein liegt die Grenze bei einer Buchblockgröße von 10 x 10 cm, in den USA bei einer Maximalkleinheit von 7,6 cm (3 Inches) in Höhe, Breite und Tiefe.

Materialien, Tipps und Werkzeuge

Grundausrüstung

Was darf ich voraussetzen? Wer sich das vorliegende Buch gegönnt hat, greift sicher auf einige Erfahrungen mit anderen kreativen Techniken zurück und besitzt bereits diverse Werkzeuge.

Zur Grundausstattung gehören folgende Werkzeuge und Hilfsmittel:

+ Schneidematte
+ Cutter
+ Lineale und Geodreieck
+ Scheren
+ Bleistifte und ein Radiergummi

Wahrscheinlich gibt es all diese Dinge bereits in Ihren Kisten und Schubladen? Vielleicht benutzen Sie eine gute Hebel-Schneidemaschine? Damit sind Sie schon prima ausgerüstet.

Speziell zum Buchbinden fehlen noch:

+ Falzbein
+ eventuell Buchbinder-Messer
+ Ahle
+ Leimpinsel, kleinere Borstenpinsel
+ Klebestift
+ Revolverlochzange und Papierbohrer (westlicher oder japanischer Art)
+ spezielle Nadeln zum Buchbinden bzw. Stopfnadeln oder stumpfe Sticknadeln
+ Garne wie Bäckergarn, *Kumihimo*-Band oder Zwirn, verschiedene andere Bänder zum Variieren

Unterschiede zwischen japanischen und europäischen Utensilien

Spezielle japanische Werkzeuge unterscheiden sich in Optik und Material von den westlichen. Viele davon sind aus Bambus hergestellt, wie das Falzbein, welches bei uns aus Knochen oder Plastik gefertigt wird. Die Funktion bleibt in jedem Fall die gleiche.

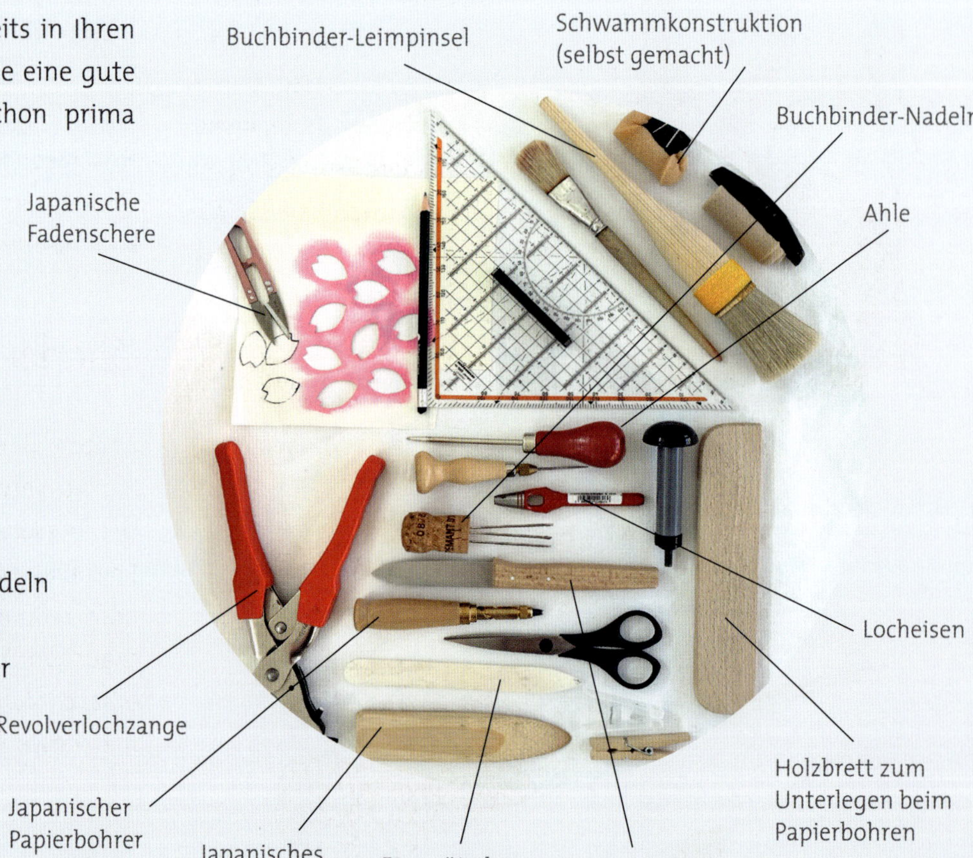

« Hier ein japanisches Werkzeug zum Umschlagen von Papier während des Klebevorgangs. Der spezielle Fingerroller wird benutzt, um den Einband eng anschmiegend festzudrücken.

Verschiedene Schneidewerkzeuge

Gefaltetes Papier lässt sich hervorragend mit einem speziellen Messer für Buchbinder schneiden. Geübte können die Papierfalte auch mit einem Falzbein trennen. Ein Küchenmesser erfüllt den gleichen Zweck. Rechtshänder beginnen links und schieben das Werkzeug in der Falte flach durch das Papier. Linkshänder arbeiten von rechts nach links. Selbstverständlich sind auch gute Hebel-Schneidemaschinen bestens geeignet.

Praktisch sind ein Cutter und eine Schneidematte – ein Duo, das auf keinen Fall fehlen sollte, insbesondere, um das kleine Pappstückchen für das Gelenk (siehe Seite 33) abzuschneiden. Und natürlich ist auch die Schere ein sehr nützliches Werkzeug ...

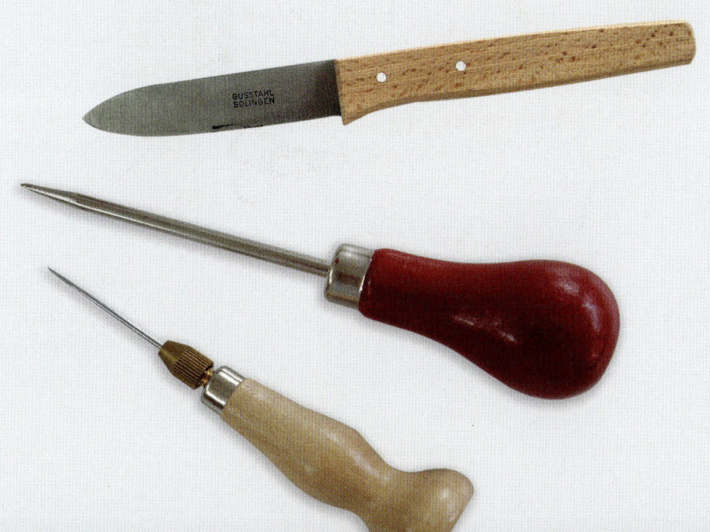

Nadeln

Zum Sticken und Binden benötigen Sie Nadeln in verschieden Stärken: Stumpfe, dicke Stopfnadeln, spitze Sticknadeln oder professionelle Buchbinder-Nadeln kommen zum Einsatz.

Bänder und Garne

Zum Binden können Sie verschiedenste Garne und Bänder verwenden. Von einem runden Gummiband über Geschenkband bis hin zu Schnürsenkeln: Alles ist erlaubt. Spezielles Garn zum Buchbinden in verschiedenen Farben oder besonders starker Zwirn sind ebenfalls gut zu gebrauchen. Auch Satinbänder oder Bäckergarn finden ihren Einsatz! Zumeist aber benutze ich *Kumihimo*-Bänder – die hier verwendeten stammen aus dem Bastelbedarf.

Handgefertigte *Kumihimo*-Schnüre werden auf dem hölzernen, runden Flechthocker *marudai* geflochten.

Auf einzelnen, schweren Spulen ist das Garn aufgewickelt, durch rhythmisches Übereinanderlegen der verschiedenfarbigen Garne entstehen die Muster. In traditioneller Weise werden sie aus Seide hergestellt. Dekorativ wie sie sind, schmücken sie oft den *Obi*-Gürtel eines Kimonos, der mit ihnen fixiert wird.

Auch für die Teezeremonie finden diese Schnüre Verwendung: Denn in den vergangenen Jahrhunderten musste Tee vor untergemischtem Gift geschützt werden – da gab es wohl böse Mächte, die hier und da einem Fürsten an den Kragen wollten. Die Teedose wurde in einem hübschen Beutel verpackt und diese mit einem *Kumihimo*-Band verschnürt. Der Knoten war so aufwendig gebunden, dass nur eine eingeweihte Person diesen lösen und wieder identisch verschließen konnte. So wurde jeder unzulässige Eingriff rechtzeitig erkannt.

Papier

Auf Japanisch heißt Papier *kami* – was auch „Gottheit“ bedeutet.

Zunächst brauchen Sie das Papier, das Sie innen zum Buchblock zusammenlegen (siehe Seite 28). Es sollte gut beschreibbar oder als Skizzenpapier verwendbar sein. Ganz persönlich mag ich Universalzeichenpapier (70 g/qm), das im Künstlerbedarf leicht erhältlich ist. Es ist naturweiß, fühlt sich gut an mit einer leicht rauen Oberfläche. Am wenigsten mag ich Kopierpapier, da es mir zu glatt und häufig zu weiß ist. Dazwischen gibt es viele Möglichkeiten, farbiges oder neutrales Papier mit einem Gewicht zwischen 80 g/qm bis 120 g/qm zu kaufen. Für gesticktes Einbandpapier funktionieren prima das oben erwähnte Skizzenpapier, farbiges Tonpapier bis maximal 200 g/qm oder auch Ingres-Papier mit 90 g/qm. Erhält der Einband einen Falz zum besseren Aufschlagen, funktioniert auch ein Tonpapier beziehungsweise Fotokarton bis 300 g/qm.

Die zweite wichtige Papiersorte ist das sogenannte Vorsatzpapier. Es wird bei den fest gebundenen Büchern auf die Innenseite des Einbands aufgeklebt. Es kann farbiges Tonpapier sein oder das gute Ingres-Papier mit 90 g/qm Gewicht und seiner typischen, leicht gerippten Struktur. Sein Vorteil: Es lässt sich sehr gut kleben. Dieses Papier mag ich persönlich am liebsten. Die leichte Struktur ist dekorativ, ohne sich in den Vordergrund zu drängen. Denn bei aufwendig gefertigten Einbandpapieren sollte das Vorsatzpapier nicht mit der Cover-Gestaltung konkurrieren.

Während des Arbeitsschrittes „Kleben und Trocknen" (siehe Seite 52) legen Sie jeweils Wachspapier zwischen die Buchdeckel. Dieses verhindert, dass Leimreste die folgende Lage verunreinigen.

Graupappe benötigen Sie, um die Buchdeckel zu fertigen. Es gibt sie in verschiedenen Stärken, von 1 mm bis zu 3 mm. Auch die Rückseite von Malblöcken können Sie verwenden. Bei einigen Projekten ist erkennbar, dass die Pappen für die Buchdeckel etwas größer sind als der Buchblock. Dadurch ist der Buchblock gut geschützt.

Übrigens: Die Mischung von gestaltetem Einband mit Graupappe, um stabile Bücher herzustellen, ist meines Wissens in Japan nicht üblich, sondern meine kreativ interpretierte, „länderübergreifende" Variante der Buchgestaltung.

Bei leichteren Büchern, also eher Heften, können Sie Buchblock und Cover in identischer Größe zuschneiden und damit eine klar begrenzte Kante erhalten.

Der Unterschied zwischen handgeschöpftem Japan-Papier (*washi*) und hiesigem Papier liegt im Herstellungsprozess. Japan-Papier wird in einem aufwendigen Prozess aus pflanzlichen Fasern hergestellt. Hierfür wird die Rinde japanischer Bäume wie *Kozo, Mitszumata* oder *Gampi* geerntet, gereinigt und aufbereitet. All dies wird auch heute noch zumeist in arbeitsintensiver Handarbeit geschaffen.

Die Produktion des kostbaren *Washi*-Papiers ist daher seit November 2014 von der UNESCO als immaterielles Kulturgut anerkannt. Viele Papiere werden aber auch maschinell gefertigt und aus der Tradition heraus als *washi* bezeichnet.

Mit dem Schöpfsieb *suketa*, schöpft der Handwerker die feingestampften Pflanzenteile aus dem Wasser. Damit sich diese Bestandteile gleichmäßig im Wasserbecken verteilen, wird *nori** hinzugefügt. Das auf diese Weise geschöpfte Papier ist durch die langen Pflanzenfasern sehr stabil, man könnte auch sagen: Die Fasern verfilzen miteinander. Dies ist das Geheimnis japanischen Papiers, seine Leichtigkeit bei gleichzeitig hoher Festigkeit. Nur aufgrund dieser Papierqualität ergeben sich die Möglichkeiten für die *Orizome*-Technik, (siehe Seite 116). Das Papierformat ist abhängig von der Größe des Schöpfsiebs. Diese kann regional unterschiedlich sein, weshalb die Papierformate häufig mit dem Namen einer Papier produzierenden Stadt identifiziert werden, wie z. B. *Mino* oder *Toshi*.

Papierreste für Collagen sammeln Sie nach persönlicher Vorliebe. Verwitterte, benutzte Papiere, die eine eigene Geschichte erzählen, haben eine besondere Patina. Sind Sie noch nicht von der Sammelleidenschaft gepackt? Dann erhalten Sie spätestens nach dem Ausprobieren der *Shibori*- und *Suminagashi*-Technik (siehe Seite 116 und 146) jede Menge dekoratives Papier.

WASHI-PAPIER TEILEN

Die „verfilzten" Papierfasern des *Washi*-Papiers erfordern eine besondere Methode, einzelne Blätter zu teilen. Zum einen können Sie mit einem in Wasser getauchten Pinsel das Papier trennen: Ziehen Sie vorsichtig ein-, zweimal mit dem feuchten Pinsel entlang der gewünschten Trennlinie. Nach einem kurzen Moment lässt sich hier das Papier auseinanderziehen.

** nori: Leim aus Reisstärke*

Papier falten

Für den Buchblock (siehe Seite 28) falten Sie das Papier mit den Händen. Dies geht besonders einfach, wenn Sie sich hierzu einen „Anschlag“ vorbereiten. Ein Stahlwinkel eignet sich gut, da er schwer auf dem Tisch liegen bleibt. Gegen diesen Widerstand legen Sie eine Papierkante, falten die gegenüberliegende Kante um und schlagen auch diese am Widerstand an. Et voilà: Mit der Hand (oder dem Falzbein) flach drücken und fertig! Falten Sie so viele Blätter wie nötig oder gleich ein paar auf Vorrat.

Zum anderen können Sie so vorgehen: Falten Sie den Papierbogen an der gewünschten Stelle und legen Sie diese Falte sehr knapp an eine Tischkante.

Mit einem feuchten Schwamm tupfen Sie entlang dieser gefalteten Kante. Nehmen Sie den Bogen auf, falten ihn in die entgegensetzte Richtung einmal um, und verfahren Sie wie zuvor. Nach kurzem Einwirken der Feuchtigkeit erhalten Sie eine Linie, an der entlang Sie eine perfekte, gerade gerissene Seite erhalten, die dem japanischen Papier eine harmonische Wirkung verleiht. Eine mit der Schere geschnittene Kante empfinde ich persönlich hingegen als grob und unschön.

Japanisches Werkzeug, um Papierbogen zu falten

Papier falzen

Falzen ist ein mechanischer Vorgang, der an einer konzentrierten Stelle das Papier durch Druck fest zusammenpresst. An dieser Stelle ist der Materialwiderstand gebrochen und das Papier lässt sich entlang dieser Linie perfekt falten oder auch durchtrennen, ohne dass es ausreißt.

Zum Falzen legen Sie ein Lineal (die Gummierung auf der Rückseite verhindert das Verrutschen) oder ein Geodreieck auf das Papier. Mit dem Falzbein rillen Sie an der Linealkante entlang die gewünschte Linie.

Falzen ist auch wichtig, um ein festeres Einbandpapier vorzubereiten. Mittels einer aufgelegten Pappe falzen Sie entlang der Kante und können nun den Einband leicht knicken.

Papier anpressen

Beim Aufkleben handgefertigter Einbandpapiere sollten diese fest auf die Pappe gedrückt werden. Um den Druck gleichmäßig zu verteilen, hilft entweder eine Farbwalze für Linoldruck oder ein kleiner Handreiber. Alternativ können Sie das Papier mit dem Handballen oder mit einem Handtuch anpressen. Dabei bitte darauf achten, von der Mitte zum Rand hin zu streichen, um mögliche Luftblasen nach außen zu drücken. Wahrscheinlich entstehen kleine Knitterfalten im Papier. Aus meiner Sicht sind diese erwünscht und machen den besonderen Charme eines selbst gefertigten Buchs aus. Bei den gestickten Einbandpapieren der Sommerprojekte (siehe Seite 90) unbedingt Wachspapier zwischen das Gestickte und den Handreiber bzw. die Farbwalze legen. Denn es besteht die Gefahr, dass der Leim durch die Sticklöcher quillt und sich so ungewollt verteilt.

Europäisches Falzbein

Japanisches Falzbein

Papier kaschieren

Bei den herbstlich gefärbten Papieren (ab Seite 116) und den Papieren in der *Suminagashi*-Technik (ab Seite 146) kann es erforderlich sein, das etwas dünnere *Washi*-Papier zu verstärken. Dazu wird eine zweite Papierlage aufgezogen.

Als Unterlage benutzen Sie eine Plastikfolie, z. B. das Deckblatt einer Präsentationsmappe.

Auf diese Folie legen Sie ein neutrales Blatt Papier, etwas größer als das bereits gefärbte Einbandpapier. Das kann Ingres-Papier sein, Skizzenpapier oder *Washi*-Papier aus dem Färbeprozess. Eine Mischung aus Leim und Kleister (ca. 15 bis 20 % Wasser in den Leim einrühren; wenn der Leim sehr zähflüssig ist, geben Sie Wasser bzw. Kleister hinzu) füllen Sie in eine flache Plastikschale (z. B. in den Deckel einer Sushi-Box wie auf dem Foto zu sehen). Mit einem rund gebogenen Schwamm, der mit einer Klammer fixiert ist, lässt sich der Klebstoff wunderbar dünn und gleichmäßig auf das neutrale Papier auftragen. Hierbei die benötigte Fläche etwas größer einstreichen als das handgefärbte Papier.

Legen Sie auf die Leimfläche das Einbandpapier und streichen Sie es von der Mitte nach außen hin glatt.

Mit der Farbwalze und einem Wachspapier als Zwischenlage lässt sich das Papier fest andrücken, insbesondere der Randbereich. Das Wachspapier verhindert, dass sich der Leim auf dem gefärbten Papier ungewollt verteilt. Alternativ setzen Sie den Handreiber ein. Lassen Sie die kaschierten Bogen zwischen Wachspapier liegend unter Gewicht trocknen.

TIPP: Diese Technik können Sie auch anwenden, wenn Sie Stoff beziehen möchten, um daraus ein Buch zu binden.

Papier fixieren

Fixativ ist nach Herstellerangabe zu verwenden. Insbesondere für die Herbst- und Winterprojekte (ab Seite 110 und 140) kann es nützlich sein, die Einbände damit einzusprühen. Sie sind damit für den täglichen Gebrauch besser geschützt. Ein geöffnetes Fenster beim Sprühen verhindert die ungewollte Geruchsbelästigung.

Stempel

Stempel sind im japanischen Alltag überall im Einsatz. Das erste Siegel, das Ihnen allerorts begegnet, befindet sich auf den japanischen Banknoten: Ohne das Siegel des „Präsidenten der Bank von Japan“ hat das Geld lediglich Papierwert.

Das Siegel des japanischen Kaisers ist 9 x 9 cm groß und aus Gold gefertigt, was sein Gewicht von 4,5 kg erklärt. Für

alle wichtigen, offiziellen Dokumente wird das Siegel aus dem noblen Lederkoffer genommen. Auf einem überdimensionalen Stempelkissen wird es mit Tinte eingefärbt, sehr sorgfältig an einem Winkel ausgerichtet und das entsprechende Dokument damit besiegelt.

Doch kehren wir zurück in den schnöden Alltag, so finden sich in den Straßen immer wieder Geschäfte, die kleinere vorgefertigte Namensstempel anbieten.

Neben dieser Auswahl gibt es weitere „Spaß“-Stempel mit Motiven von kleinen Kätzchen, oder anderen niedlichen Tieren, *kawaii** eben, die sich auf verblüffende Weise selbst mit Tinte versorgen und kleiner als ein Lippenstift sind.

Wer mehr investieren möchte, lässt sich seinen ganz persönlichen Stempel herstellen, der in detailreicher, minutiöser Feinarbeit von einem speziellen „Siegelschnitzer“ gefertigt wird. Auf einer Fläche von 10 bis 15 mm werden die ausbalancierten Linien zu einem Mini-Bild

** kawaii: niedlich, süß*

herausgeschnitten und erreichen damit eine perfekte Wirkung. Solch einen persönlichen Unikat-Stempel kann man offiziell registrieren lassen, um ihn bei wichtigen Anlässen zur Besiegelung einer Urkunde zu verwenden. In allen Lebenslagen ist er gültig, ob man sein Auto anmeldet oder heiratet, er gilt als rechtskräftige „Unterschrift". So bekommt das Namenssiegel die Wertigkeit einer Signatur.

Auch bei vielen Bürotätigkeiten wird eine Unterschrift durch einen Stempel ersetzt, weil das viel schneller geht. Dies ist leicht nachzuvollziehen, wenn man sich vorstellt, wie viel Zeit es benötigt, etliche Male am Tag einen sehr langen Doppelnamen zu schreiben. Der Stempel ist verifizierbar und dem jeweiligen Angestellten zugeordnet. Selbstverständlich geht das auch digital!

Wundern Sie sich nicht, wenn Sie in Museen oder anderen Einrichtungen einen Tisch mit einem großen Stempel nebst Stempelkissen und Papier finden. Hier dürfen Sie sich bedienen und ausprobieren!

Meine Anregung nun zum Buchbinden: Erfinden Sie Ihren ganz persönlichen Stempel, mit dem Sie Ihre Signatur in jedes handgefertigte Buch setzen. Dies kann ein liebevolles Ritual werden, um die Fertigstellung eines Unikats zu „besiegeln".

TIPP: Umrisse von ausgestanzten oder ausgerissenen Motiven können Sie als Schablone nutzen und mit einem Stempelkissen ausstupfen (siehe Seite 76).

Petra auf Japanisch: die Mischung aus Pe (in *katakana* geschrieben) und *tora*, „Tiger", ergibt zusammen Petora, wie mein Vorname ins Japanische übersetzt wird.

Leimen und kleben

Der von mir empfohlene Leim ist ein spezieller Kunstharz-Dispersionsleim für Karton und Pappe, also zum Buchbinden geeignet. Da er alterungsbeständig ist, können Sie geradezu „museumsreife“ Werke erstellen. Den Leim verlängern Sie mit ein wenig Kleister (ca. 15 % Anteil des Gesamtvolumens) oder mit Wasser, bis er eine leicht cremige Konsistenz hat.

Zwar trocknet er halb transparent auf, dennoch vermeide ich, irgendwo Flecken zu hinterlassen. Besonders auf dem Buchleinen sieht man das sofort. Ein alter Lappen oder Haushaltspapier liegen bei mir immer in greifbarer Nähe. Eine Schürze oder ein entsprechendes Kleidungsstück zu tragen, um sofort den Leim von den Fingern zu wischen, ist die optimale Lösung.

Bei allen Arbeitsschritten, die mit Leim zu tun haben, lege ich immer ein sauberes Schutzpapier unter, beispielsweise alte Kataloge oder Tageszeitungen. Bei den Anleitungen ab Seite 54 erwähne ich das nicht jedes Mal aufs Neue, dieses sollte Ihnen wirklich in Fleisch und Blut übergehen. Dass Sie ein Schutzpapier mit Leimspuren gleich entsorgen (oder die Katalogseite umblättern), um sich das zukünftige Buch nicht versehentlich zu beschmutzen, haben Sie sich sicher schon gedacht? Es wird Ihnen zur Gewohnheit werden, je öfter Sie Bücher fertigen.

Gerade bei einigen Frühlingsprojekten (siehe Seite 56) verwende ich auch Sprühkleber, wenn ich nicht wusste, ob das Papier den Leimauftrag „ungewellt“ überstehen würde. Da gehe ich lieber auf Nummer sicher – bedenken Sie die Windrichtung, wenn Sie außerhalb eines Zimmers sprühen! Praktisch ist ein größerer Karton, in den Sie das Papier beim Sprühen halten. So wird der Sprühnebel von den Kartonseiten abgefangen.

Buchleinen

Buchleinen ist ein spezielles Gewebe, das auf Papier kaschiert ist. Sie können es in vielen Farben im Fachhandel kaufen. Wegen seiner Stabilität eignet es sich besonders gut und gibt den Bucheinbänden eine lange Lebensdauer, gerade im Zusammenspiel mit Graupappe.

Basiswissen Bücher binden

Bestandteile des Buchs

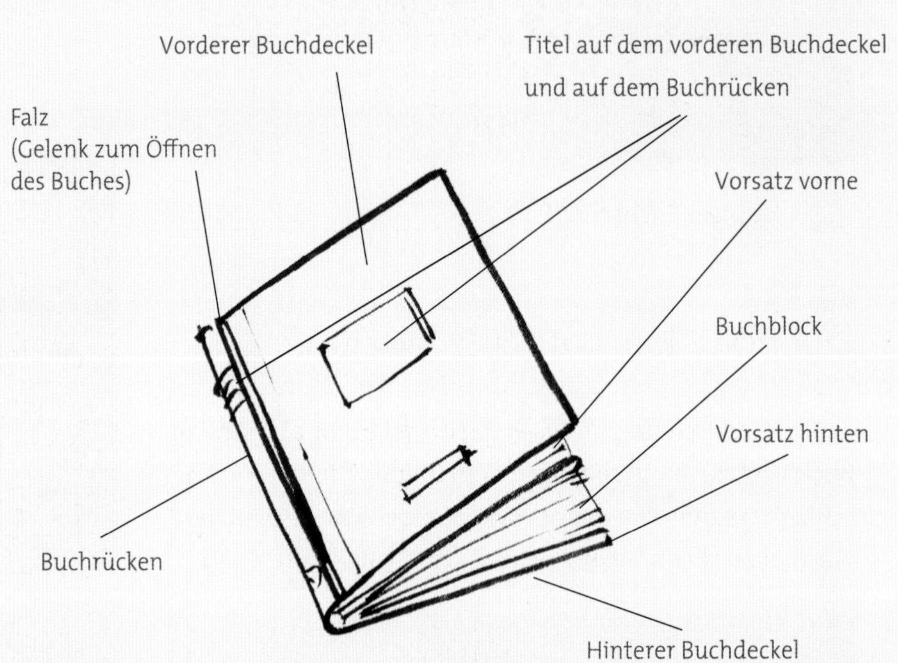

+ Vorsatzpapier vorne und hinten
+ hinterer Buchdeckel
+ vorderer Buchdeckel
+ Buchkante
+ Buchschnitt
+ Buchrücken
+ Falz, Gelenk zum Aufschlagen des Buchs
+ Buchblock
+ Titel vorne
+ Titel Buchrücken

Es gibt harte Einbände, also „Hardcover" und weiche Einbände also „Softcover" oder „Paperback".

Buchblock

Der Buchblock liegt zwischen den Buchdeckeln. Er besteht aus dem Papier, auf dem Sie später schreiben oder zeichnen werden.

Lose Blätter können einzeln zusammengefasst werden oder einmal gefaltet sein. Dabei kann, traditionell japanisch, die gefaltete Kante vorne liegen, indem jede einzelne Seite eine „Tasche" bildet. Selbstverständlich kann die Falte auch den Rücken bilden. Bei den Projekten ab Seite 54 lernen Sie verschiedene Varianten kennen. Sie haben viele Möglichkeiten, um ein Buch mit einem besonderen Flair zu versehen.

Passend zu Ihrem Einband wählen Sie das Papierformat. Für sehr schmale oder breite Bücher wird der Buchblock extra zugeschnitten. Auch fertig gekaufte Blöcke oder Zeichenpapier bilden einen Fundus, aus dem Sie einen Buchblock für Ihre Zwecke auswählen.

Farbiger Buchschnitt

Zwischen zwei Papp-Reste klemmen Sie das fertig zugeschnittene Buchblock-Papier ein, sodass lediglich der Rücken frei bleibt. Mit einer Zahnbürste spritzen Sie Tusche (oder flüssige Aquarellfarbe) per Daumendruck auf die Kante. Es empfiehlt sich, dabei einen Einmalhandschuh zu benutzen, wenn Sie keinen bunten Daumen haben möchten. Selbstverständlich könne Sie auch nacheinander alle Papierkanten auf diese Weise verschönern.

Farbiger Buchschnitt

Buchblock mit innerer Bindung

Ein klassisch gebundenes japanisches Buch hat den Buchblock zuvor mit einer inneren Bindung fixiert. Dies geschieht traditionellerweise mit kleinen „Papierfähnchen", wie hier zu sehen. Sie heißen *nakatoji**, „innere Bindung".

Anhand des *Buchs zum Träumen* erkläre ich hier die japanische innere Bindung. Mein Vorbild ist ein in Japan gekauftes Heft mit einem Einband aus leichtem *Washi*-Papier (zu gefärbten Buchseiten siehe Seite 119).

Die japanische innere Bindung verhindert, dass der Buchblock beim Binden verrutscht. Hierzu benötigen Sie, neben den üblichen Zutaten, zwei kleine Papierstücke à 2,5 x 3 cm.

Das Papier für den Buchblock ist gefaltet, wobei die gefaltete Kante vorne liegen wird. Der offene Buchrücken wird später von der Bindung gefasst. Als Anschlag benütze ich eine Vorrichtung, die üblicherweise für Linol- oder Holzschnitt verwendet wird. Das erleichtert die Positionierung der verschiedenen Papierlagen. Zur Erinnerung: Auch ein Stahlwinkel ist dafür geeignet.

** nakatoji: naka: Inneres, Innenseite; toji : zusammenheften, zunähen*

TIPP: Messen Sie Ihr persönliches Papier aus und fertigen Sie den Einband dazu passend aus Fotokarton.
In den Buchblock wird mit einer japanischen Ahle (extra dick) an zwei Punkten das Papier durchstochen. Dabei bleiben Sie so nahe am Buchrücken, dass die spätere Bindung diese Stelle verdeckt. Die zwei kleinen Papierstücke zuvor an einem Ende zusammenzwirbeln.

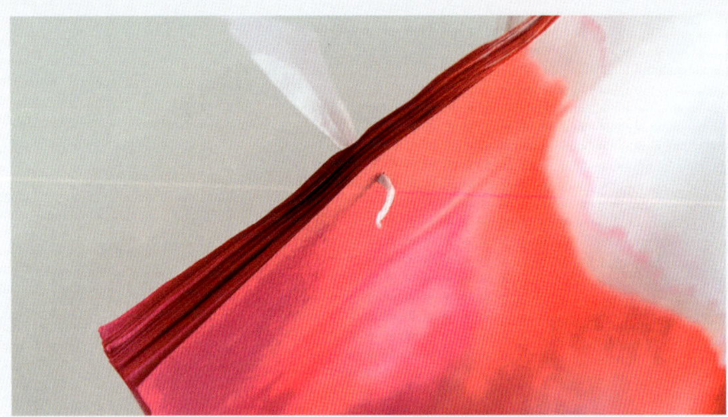

Dieses Ende schieben Sie durch die Löcher. Unbedingt sollten Sie für diese Methode das dünne, weiche, aber dennoch feste Japan-Papier verwenden (preiswertes Kalligrafie-Papier ist sehr gut geeignet). Die überstehenden Stücke schneiden Sie ab und klappen den kleinen Rest um. Zuerst flach klopfen mit einem Stück Holz* oder dem Griff der Ahle, eventuell mit Leim oder Klebestift festkleben. Dann geht es ans Binden (siehe Seite 64).

Meine alternative Lieblingsmethode finde ich ebenso einfach wie praktisch: Sie fassen den gesamten Papierpacken für den Buchblock bündig zusammen, umwickeln ihn schön stramm mit einem breiteren Restpapier als Banderole und kleben diese zusammen. Der Buchblock ist so fixiert und kann, ohne zu verrutschen, zwischen den Buchdeckeln gebunden werden. Nach dem Binden entfernen Sie die Banderole.

** In Japan werden dafür entsprechende Werkzeuge, ein schön geformtes, vierkantiges Holzstück und die Ahle benutzt.*

Lumbecken individuell

Lumbecken ist ein Verb, das sich von dem Namen seines Erfinders Emil Lumbeck ableitet. Gemeint ist damit eine Klebebindung, die den Buchblock zusammenhält. Jeder kennt gängige Schreibblöcke, die an der oberen Seite zusammenkleben. Meine Variante im ersten Herbstprojekt (siehe Seite 122) erinnert ein wenig an die Technik, ein Faltbuch *orihon* einseitig aneinanderzukleben, so wie die ersten Bücher in Japan gefertigt wurden. Mit dieser Idee erstellte ich ein „Scrapbook". Mehrere Bogen von stabilem DIN-A3-Papier sind an der Rückenseite schmal aneinandergeklebt. Dazu kommt ein Distanz gebender Papierstreifen in Orange, der im Wechsel mit dem DIN-A3-Bogen zu einem kompakten Buchblock verklebt wurde.

Schneiden Sie sich rechteckige Distanzstreifen zurecht – so schmal, dass sie später hinter dem Garn der Bindung verschwinden. Würden diese Streifen noch in den Buchblock hineinragen, wäre das Aufklappen sehr mühsam. Lediglich vom Rücken her und ein klein wenig von der Seite sind sie zu sehen.

Legen Sie die Papierkanten, die nicht verklebt werden sollen, an einem Widerstand (Metallwinkel) an und fixieren Sie den Buchblock. Auch ein Gewicht kann hilfreich sein. Die zu klebenden Seiten ragen dabei leicht über eine Tischkant hinaus. Die Distanzstreifen legen Sie sich griffbereit daneben, ebenso Leim und einen breiten Pinsel.

Nun heben Sie die Blätter an, betupfen das unterste Blatt knapp an der Kante mit Leim und kleben den orangefarbenen Streifen auf. Diesen betupfen Sie wiederum mit Leim, lassen eine nächste Seite darauf fallen. Wieder Leim knapp auftragen, orangefarbenen Streifen darankleben usw. bis zur letzten Seite.

Leim, der an der Kante herausqillt, entfernen Sie mit einem Papiertuch oder Lappen. Dabei können Sie ruhig den Leim über der Außenseite vom Rücken verteilen.

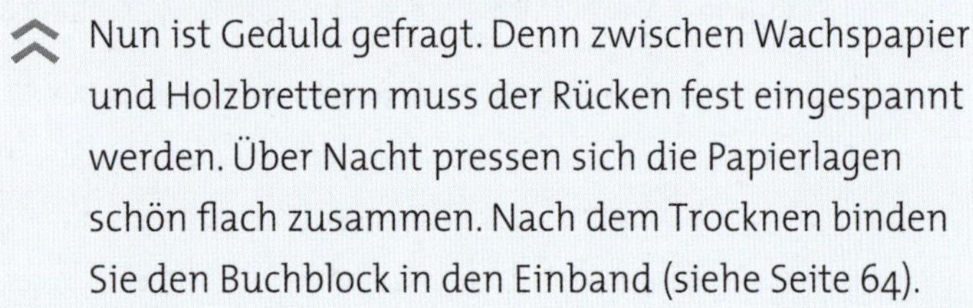

Nun ist Geduld gefragt. Denn zwischen Wachspapier und Holzbrettern muss der Rücken fest eingespannt werden. Über Nacht pressen sich die Papierlagen schön flach zusammen. Nach dem Trocknen binden Sie den Buchblock in den Einband (siehe Seite 64).

Geklebte Ecken fertigen

Geklebte Ecken, die *kadogire*, sind typisch für japanische Bücher (siehe auch Seite 15).
Die Illustration zeigt, wie Sie ein Papierstück zuschneiden.

Ein Stück Papier persönlicher Wahl ausschneiden und an die Buchecke kleben.

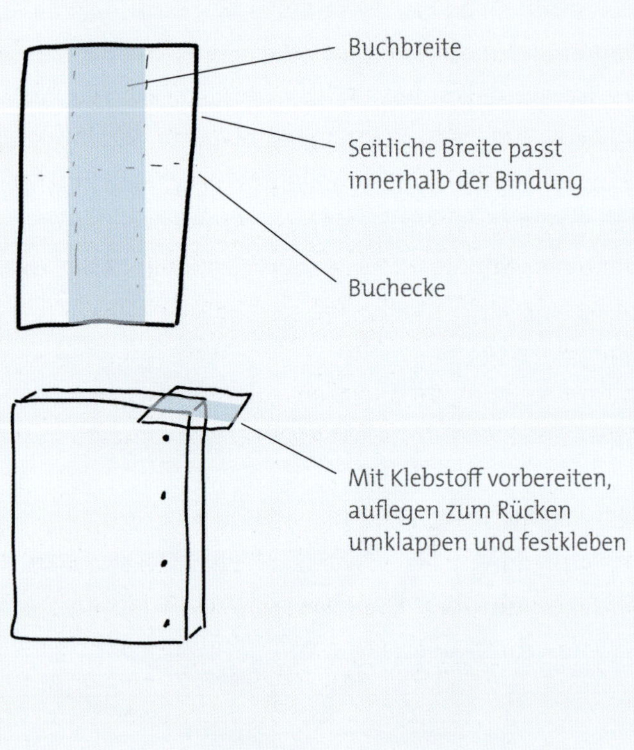

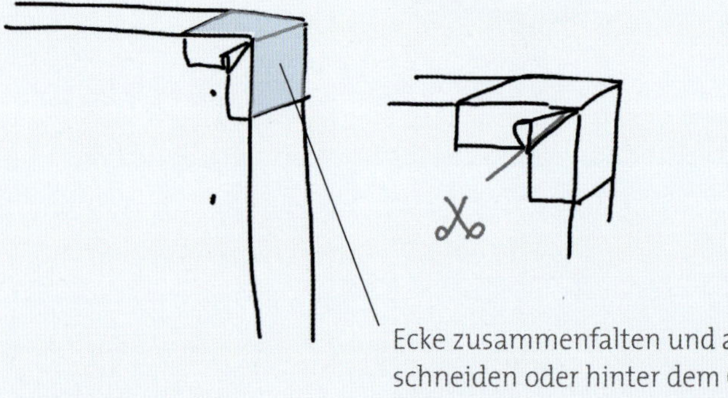

Halbleineneinband

Die meisten der hier vorgestellten Bücher sind als Halbleineneinband gefertigt: Dabei dient simple Graupappe als Basismaterial für den hinteren und vorderen Buchdeckel. Der hintere Buchdeckel ist komplett mit Leinen bezogen, der vordere Buchdeckel hat links das Gelenk, das ebenfalls mit Buchleinen gefertigt ist. Der restliche vordere Buchdeckel ist mit einem Schmuckpapier bezogen.

Die Verbindung aus stabilem Buchleinen und Papier bzw. Pappe ist eine dekorative und funktionale Einheit zugleich: Das Buchleinen gibt ausreichend Halt für das Auf- und Zuklappen des Gelenks. Das speziell gefertigte Schmuckpapier macht aus Ihrem Werk ein Unikat.

Übrigens: Mit der japanischen Bindung entsteht ein Buch, das Sie lange nutzen können. Wenn die inneren Blätter aufgebraucht sind, können Sie die Bindung lösen, den Inhalt anderweitig aufbewahren und mit frischem Papier den gleichen Einband ein weiteres Mal verwenden.

VORDERER BUCHDECKEL

Die Aufteilung für den vorderen Buchdeckel erklärt die Illustration. Ausführlich können Sie diesen Prozess in der Schritt-für-Schritt-Anleitung auch ab Seite 42 nachschauen.

Die Pappe zuschneiden, an der gestrichelten Linie ist ein möglicher Übergang, wo das Schmuckpapier auf Leinen trifft.

Zugeschnittene Pappe für den vorderen Einband mit dem kleinen Gelenkstück.

So liegen die Pappen auf dem Leinen und dem Einbandpapier. An diesem Punkt müssen Sie sich entscheiden, welchen Teil Sie größer zuschneiden, das Leinen oder das Einbandpapier (siehe auch Seite 36)? Mit dieser Entscheidung legen Sie fest, ob das Schmuckpapier unter dem Leinen liegen soll oder darüber. Rechnen Sie für diesen Teil an der inneren Seite 0,5 bis 1 cm hinzu.

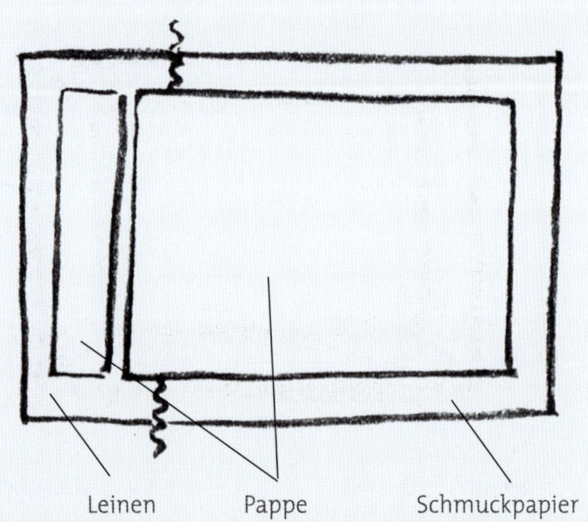

Der Spiegel aus Leinen (die innen liegenden Gegenstücke) wird an drei Seiten 0,5 cm kleiner zugeschnitten als der Pappeinband, das Vorsatzpapier wird an drei Seiten 0,5 bis maximal 1 cm kleiner zugeschnitten. Die gestrichelten Linien zeigen, wo Sie die einzelnen Teile aufkleben.

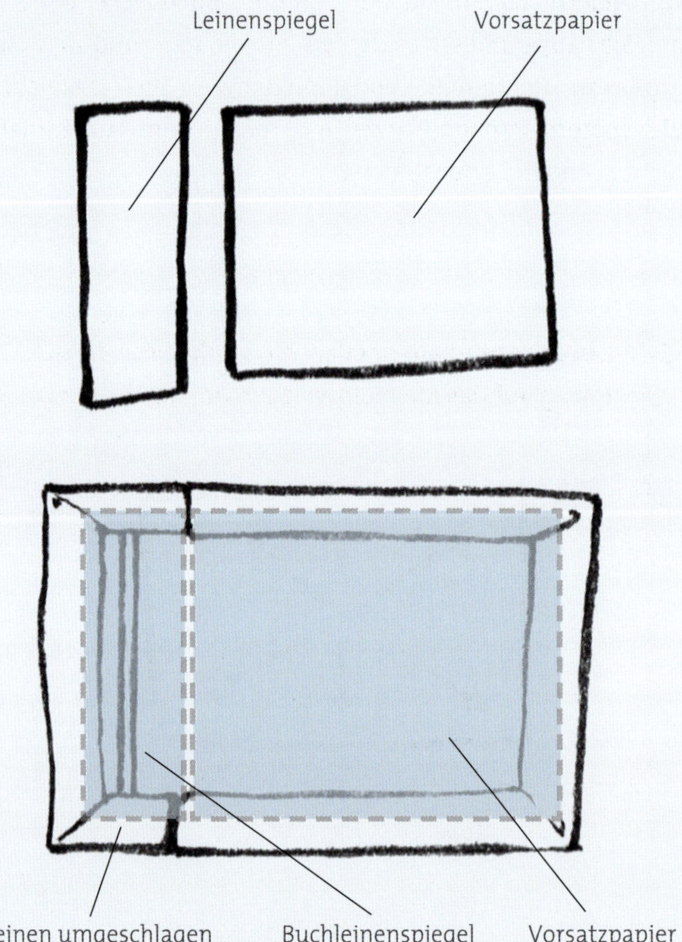

Der halbfertig geklebte vordere Einband liegt so vor Ihnen.

HINTERER BUCHDECKEL

Der hintere Buchdeckel ist wirklich schnell zu kleben. Deshalb beginne ich persönlich am liebsten mit der Rückseite eines Buchs. Wenn ich das Gefühl für Material und Leim verinnerlicht habe, mache ich mich an die kompliziertere Vorderseite, die Sie bereits durch die Illustrationen kennengelernt haben. Für den hinteren Buchdeckel benötigen Sie Pappe und schneiden das Buchleinen rundum 2 cm größer zu. Auf dem Buchleinen markieren Sie mit Bleistift die spätere Pappen-Platzierung (bei gutem Augenmaß nicht zwingend erforderlich).

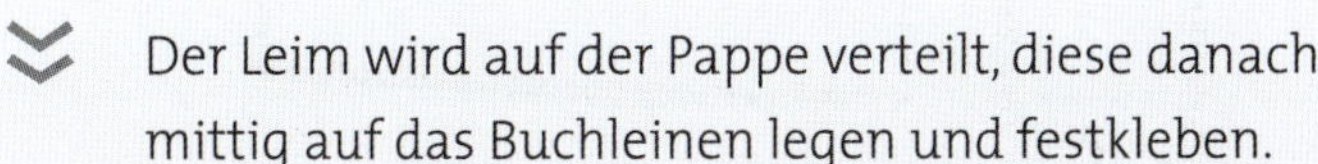

Der Leim wird auf der Pappe verteilt, diese danach mittig auf das Buchleinen legen und festkleben.

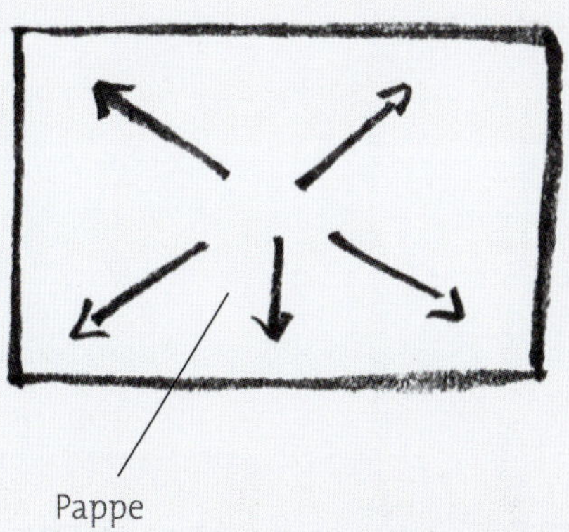

Innerhalb der markierten Fläche auf dem Leinen bzw. im Zentrum kleben Sie die Pappe auf. Die Ecken und der überstehende Rand werden geklebt wie auf Seite 49 gezeigt.

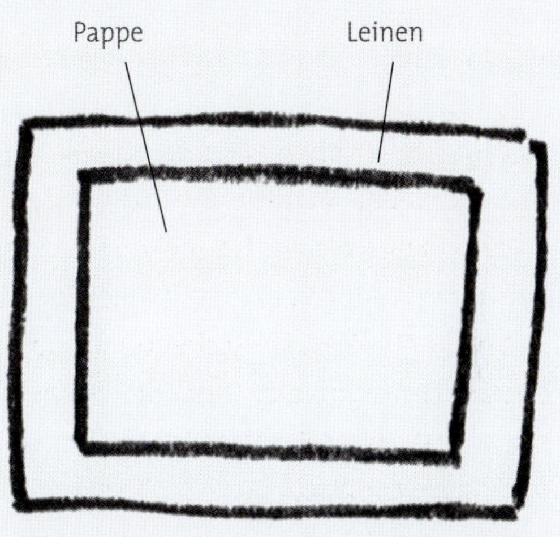

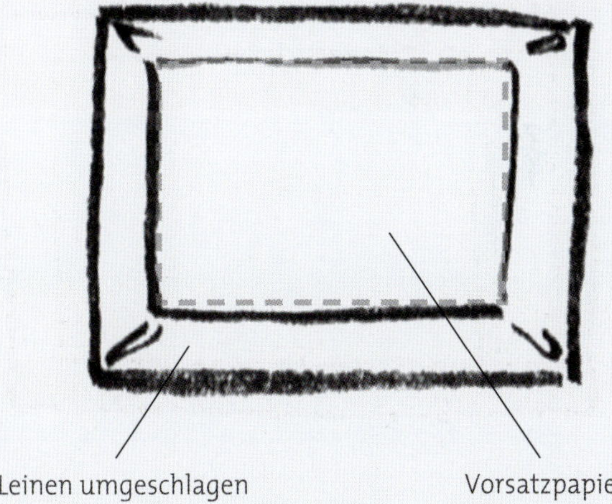

Das Vorsatzpapier ist rundum 0,5 bis 1 cm kleiner zugeschnitten als die Pappe. Es wird mittig auf der Innenseite des Einbands aufgeklebt.

PAPIER ÜBER ODER UNTER BUCHLEINEN?

Bei einem Halbleineneinband besteht immer die Möglichkeit, das Papier über das Buchleinen zu kleben oder das Buchleinen über das Papier. Beide Wege führen zu einem gelungenen Ergebnis. Es ist eher eine Frage der Optik, wie Sie sich entscheiden. Bei den bestickten Sommerprojekten (ab Seite 84) möchte ich grundsätzlich das Papier am linken Rand unter dem Leinen wissen, damit der Stickstich sich nicht auflöst. Andererseits kann auch gerissenes Papier attraktiv wirken, wenn es über das Leinen geklebt wird. Diese Methode bietet sich bei den Herbst- und Winterprojekten an (ab Seite 110).

Wenn Sie kaschiertes Papier (siehe Seite 24) nutzen, ist die gerissene Kante mit der zweiten Papierlage verklebt. Die Optik einer nicht geschnittenen Papierkante können Sie wiederherstellen, indem Sie eine unerwünscht glatte Kante mit Schmirgelpapier aufrauen.

WICHTIG: Entscheiden Sie sich für die Alternative „Papier über Buchleinen", fertigen Sie zuerst das linke Endstück des vorderen Buchdeckels. Das Buchleinen wird innerhalb des markierten Bereichs mit Leim bestrichen. Legen Sie zuerst das Papp-Endstück auf (Bleistiftmarkierungen helfen dabei), dann das kleine Gelenk-Zwischenstück, zuletzt die verbleibende Pappe der Vorderseite. Achten Sie darauf, dass alles im rechten Winkel passt. Das kleine Gelenk-Zwischenstück werfen Sie fort.

Folgende Teile sind bereits aufgeklebt, so wie es das Bild zeigt: Papp-Endstück und große Pappe. Das Ganze wenden.

Bereits gewendetes Werkstück

Den Leim auf der großen Papp-Fläche auftragen ...

TIPP: Die richtigen Abstände im Überblick finden Sie auf Seite 43.

... und an der Kante des Einbandpapiers. Das Einbandpapier wenden und aufkleben. Dabei gut andrücken.

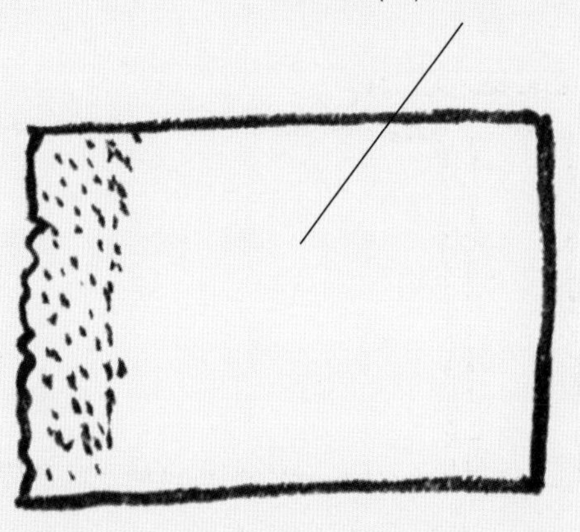

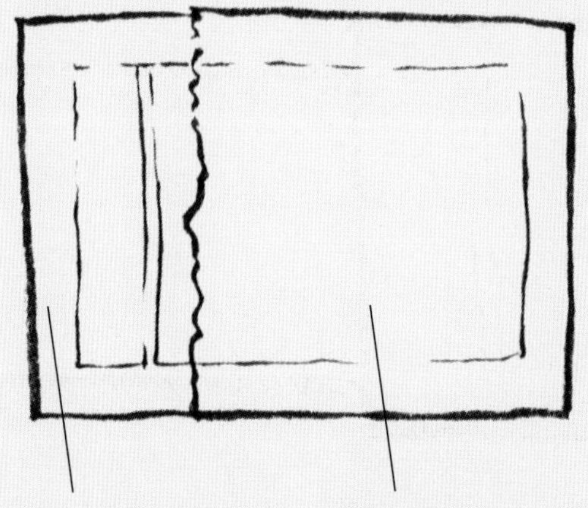

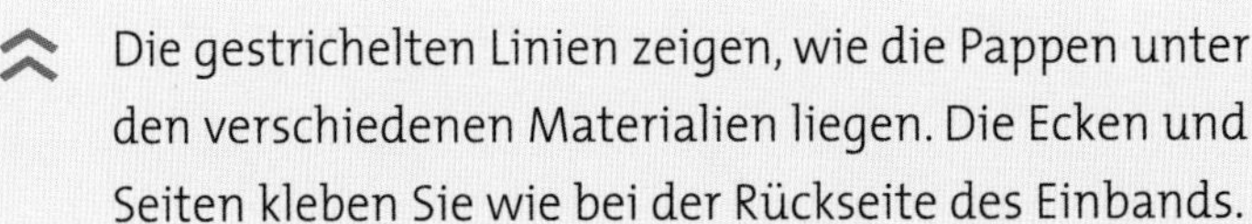

Die gestrichelten Linien zeigen, wie die Pappen unter den verschiedenen Materialien liegen. Die Ecken und Seiten kleben Sie wie bei der Rückseite des Einbands.

ECKEN EINSCHLAGEN

Meine Lieblings-Eck-Lösung ist sehr einfach, deshalb mag ich sie so. Bei allen Beispielen in diesem Buch habe ich sie eingesetzt. Nachlesen können Sie diese in der Schritt-für-Schritt-Anleitung ab Seite 42.

Der Vollständigkeit halber stelle ich Ihnen an dieser Stelle eine ebenfalls bekannte Art vor:

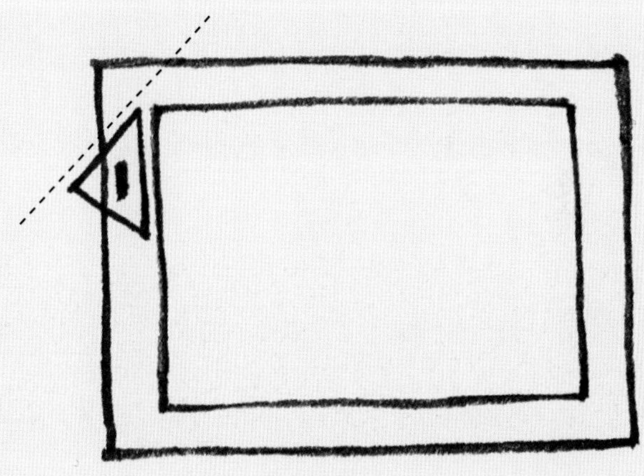

Die Pappe ist auf dem Leinen/Einbandmaterial aufgeklebt. Die Ecken sollen nun abgeschnitten werden. Dabei kann ein kleines Geodreieck helfen – parallel verschoben an der Papp-Kante gibt es die diagonale Schnittlinie vor: 3 bis 4 mm des Materials müssen stehen bleiben.

Die Ecken sind nun auf Gehrung weggeschnitten, die verbleibenden Seiten werden mit Leim eingepinselt. (Profis haben dies schon zuvor gemacht und die eingeleimten Ecken beschnitten. Das ist mir zu klebrig, weshalb ich die hier beschriebene Methode bevorzuge.)

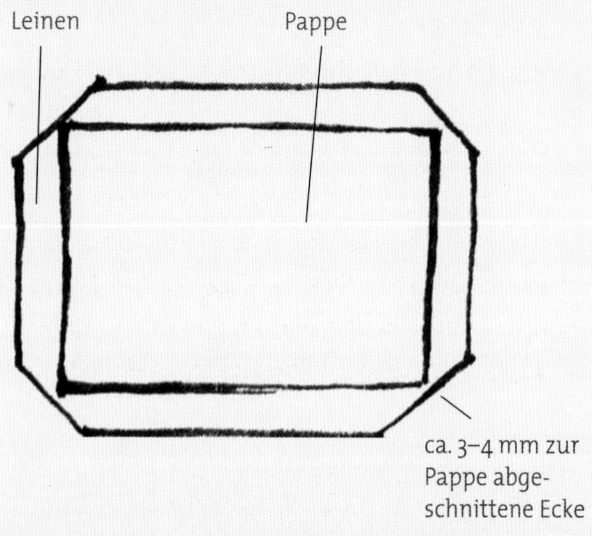

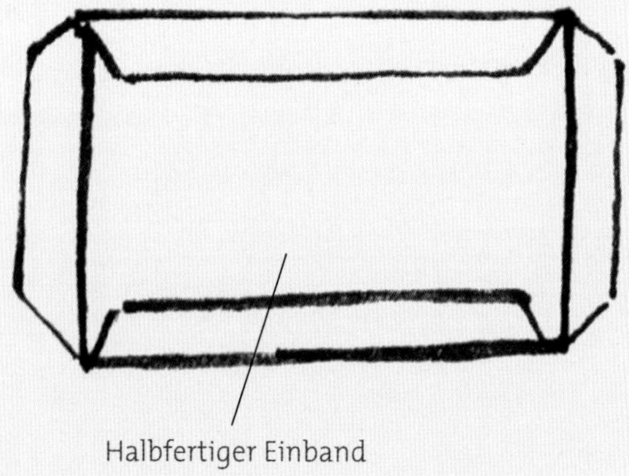

Zuerst werden die langen Seiten festgeklebt. Den winzigen Millimeter-Überstand entweder mit dem Falzbein oder dem Daumennagel fest an die Pappe drücken. Dies wird „Einkneifen" genannt. Nun die kurze Seite umschlagen und festkleben. Ebenso auf der gegenüberliegenden Seite verfahren.

Schablonen, Papierbohrer und Fadenlänge

SCHABLONEN

Die Schablonen für die Lochbohrungen sind für verschiedene Buchformate angegeben. Einige Schablonen können Sie selbst vergrößern, indem Sie Teile davon auseinanderziehen (kopieren, zerschneiden und neu zusammenkleben), um Sie Ihrem Wunschformat anzupassen. Alternativ können Sie eine Schablone mittig anlegen und an beiden Seiten symmetrisch etwas überstehen lassen. So passen Sie die benötigten Löcher Ihrem persönlichen Buchformat an.

Die Schablonen werden immer in der Mitte angelegt – auch wenn sie nicht exakt passen, ergibt sich ein kleiner Spielraum in der Breite zu den Seiten hin. Mit etwas Augenmaß gelingt die Symmetrie. So kann ein Buch ohne Funktionseinschränkung ein wenig größer werden, als die Schablone es vorgibt. Die Schablonen kopieren Sie sich von den Vorlagen oder drucken sie aus (Download). Kleben Sie sie auf ein festes Stück Graupappe. Nun können Sie die Löcher der Vorlage gemäß ausstanzen. Damit ist Ihre Schablone vielen Nutzungen gewachsen.

EIGENE SCHABLONEN FERTIGEN

Beim Herbstprojekt *Scrapbook* (siehe Seite 122) musste ich die Bindung an das DIN-A3-Format des Buchs anpassen. Mit der folgenden Beschreibung finden Sie den Einstieg, eigene Schablonen zu kreieren.

Mit einem Geodreieck messen Sie die Buchhöhe aus und bauen die Abstände zwischen den Löchern von der Mitte her auf.

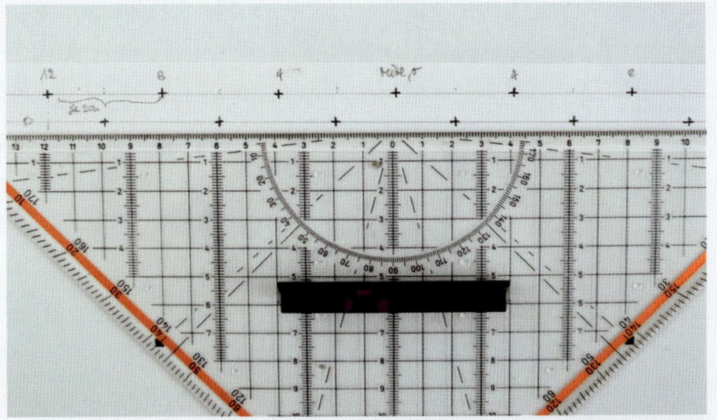

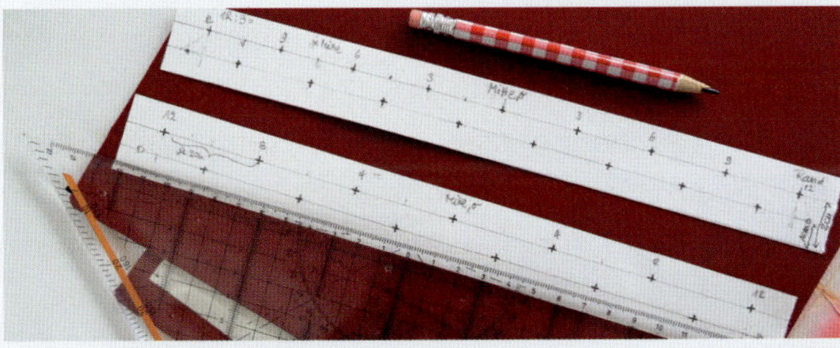

Ziehen Sie von der Rückenseite her eine Linie in 2 cm Abstand, auf der Sie Löcher, wie für die Stab-Bindung (siehe Seite 64), einzeichnen. Hier im Beispiel sind 4 cm-Abstände angelegt. Zuvor habe ich vom Rand her an jeder Seite 1,5 cm abgemessen und den verbleibenden Rest in gefällige, harmonische Abstände aufgeteilt. Einen Versuch mit 3 cm-Abständen habe ich verworfen, obwohl er rein mathematisch genauso funktioniert hätte – das ist wirklich reine Geschmackssache. Mit 1 cm Abstand legen Sie die Linie fest, auf der sich die Löcher für das Hanfblatt-Muster befinden. Alternativ bietet sich die „Papierstreifen-Methode" an (siehe Seite 44).

PAPIERBOHRER

Die Schablonenlöcher werden mit der Revolverlochzange gefertigt und so auf den bereits vorbereiteten Buchdeckel übertragen. Auch diese Markierungen werden mit der Lochzange oder dem Papierbohrern gebohrt.

Der japanische Papierbohrer ist praktisch für kleinere Papierportionen. Ein dickerer Papierstapel lässt sich leichter (auf einmal) mit dem klassischen Papierbohrer schaffen. Die Stapel aufzuteilen, geht selbstverständlich auch.

Mit einem Bleistift übertragen Sie das Lochschema vom Einband auf den Buchblock, wobei Sie bitte keine Seiten drehen. Sollte es Ungenauigkeiten beim Übertragen geben, werden diese durch das Umdrehen der Seiten verschlimmert – also, jeweils die Seiten so legen, wie das Buch später gebunden wird.

Selbst wenn sich eine kleine Verschiebung eingeschlichen haben sollten, gewährleisten Sie so, dass die Löcher übereinander liegen und die Bindung funktioniert.

» Nun legen Sie ein Brett unter den Buchblock und produzieren jede Menge Konfetti: Den Bohrer fest aufdrücken und mit kräftigem Druck drehen. Die feinen Papierkonfetti verstopfen den Stutzen schnell. Dann versuche ich, sie mit der Ahle wieder herauszuholen oder durch den Stutzen in den Behälter zu stoßen. Leider muss man doch häufig den Papierbohrer leeren.

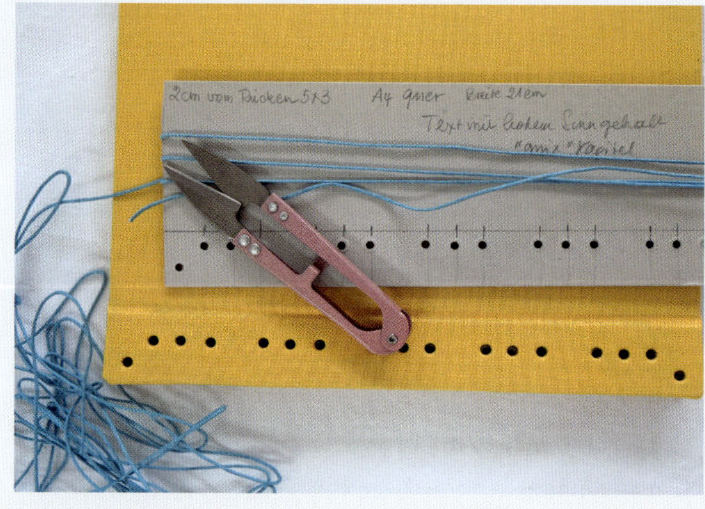

FADENLÄNGE

Die Fadenlänge zum Binden ergibt sich jeweils aus der Buchhöhe. Für unterschiedliche Bindungen benötigen Sie unterschiedliche Garnlängen. Bei der jeweiligen Vorlage ist die Länge angegeben, großzügig berechnet. Den Faden legen Sie um die Lochschablonen aus Graupappe, so oft die Fadenlänge benötigt wird (siehe Download und Vorlagen). Diese Angaben können abweichen, wenn Sie ein dickes Buch binden oder das verwendete Garn sehr dick ist. Dass Sie den Loch-Durchmesser dem Lieblingsgarn anpassen, versteht sich von selbst: Der Faden und die Nadel (stumpfe Stopfnadel oder Buchbinder-Nadel) müssen mehrfach durch ein- und dieselbe Öffnung passen. Bedenken Sie zudem, dass eine sehr lange Nadel auch ein entsprechend langes Fadenstück benötigt, um es verknoten zu können. Mit anderen Worten: Lieber das Garn etwas zu lang bemessen, als kurz vor dem letzten Loch eine Krise bekommen.

Yotsume toij – japanische Stab-Bindung im Überblick

Das Wort *toji* wird übersetzt mit „unterwegs“, „auf dem Weg“, davon abgeleitet gibt es den Begriff *tojiru*, der heften, zusammenheften, zunähen bedeutet, neben weiteren Beispielen mit diesem Wortstamm.

Mir scheint die Metapher des „Gehens“ bestens geeignet, um das Vorgehen bei der Bindung zu erklären: Sie werden also „abbiegen“ und Umwege gehen im Sinne von Schlaufen bilden sowie „zurück- oder vorgehen“ mit dem Garn, bis Sie den Buchrücken schmuckvoll gebunden haben.

Die im Buch vorgestellten Bindungen sind zum Teil Klassiker der japanischen Buchbinde-Technik. Daraus habe ich verschiedene Alternativen abgeleitet, die den Büchern eine zusätzlich dekorative Note geben.

Die Bindungen basieren im Grunde auf dem Prinzip der traditionellen Vier-Loch-Stab-Bindung. Sie beginnen immer auf der Rückseite eines Buchs, anschließend fädeln Sie sich von Loch zu Loch. Dabei läuft der Faden im Wechsel auf der Arbeitsseite (für Sie sichtbar) und auf der rückwärtigen Seite (erst sichtbar, wenn Sie das Buch wenden). Auf dem „Rückweg“ komplettiert sich das Muster der Bindung, weil nun das Garn gegengleich verläuft. Das ist die simple Logik dahinter! Sie kommen immer zum Ausgangspunkt zurück. Der Weg endet mit dem Verknoten des Fadens. Mehr dazu finden Sie auf Seite 64.

Kreatives Chaos

Mit ein paar grundsätzlichen Gedanken zum kreativen Kopf-Chaos möchte ich Mut machen, sich ohne Bedenken auf das Abenteuer Gestaltung einzulassen. Für die Frühlingscollagen beispielsweise habe ich zuerst alle Papierteile zusammengestellt, farblich zugeordnet, nach Erinnerungswert sortiert, um sie anschließend zu verarbeiten und zu besticken. Zu spät merkte ich, dass ich bei einigen Projekten außerhalb der DIN-Norm gelandet war. Deshalb wurden nun die Buchdeckel-Pappen und der Buchleinen-Bezug an die Collage angepasst. Alle weiteren Berechnungen entwickelten sich aus der Vorgabe „gestickte Collage“, bis alles wieder zueinander passte!

Mit der ausführlichen Schritt-für-Schritt-Anleitung (siehe Seite 42) können Sie den Prozess miterleben und Ihre

Bücher nach Lust und Laune, mit Mut oder Vorsicht, frei gestalten. Diese Beschreibung verhilft Ihnen sicher zu einem gelungenen Ergebnis, auf das Sie stolz sein können.

Schritt-für-Schritt-Anleitung zur Fertigung der Einbände

Die gute Nachricht ist:
„Man kann alles genauso machen, wie man will."

Die schlechte Nachricht:
„Man kann alles genauso machen, wie man will."

Aus der Fülle unendlicher Möglichkeiten und Varianten eine auszuwählen, fällt mir oft schwer, da zu viele Ideen in meinem Kopf herumgeistern. Meine Strategie und Empfehlung: Ausprobieren! Zuerst das „Gehirn abschalten", also einfach ohne viel Denken starten. Es wird sich fügen und während des Prozesses entwickelt sich eine Lösung.

Anhand des Frühlingsprojekts meines Gastes Kristina Körner (siehe Seite 82) können Sie Detail für Detail miterleben, wie es klappt.

» Nachdem Sie eine Frühlingscollage fertiggestickt haben, wählen Sie den Ausschnitt. Aus gestalterischer Sicht ist es oft sinnvoll, sich für einen Anschnitt zu entscheiden. Ausprobieren können Sie dies, indem Sie Pappstreifen um das Motiv legen und sich für das Ergebnis entscheiden, das Ihnen am besten gefällt. Mit einem Falzbein ziehen Sie an dem gewählten Ausschnitt entlang eine leichte Rille, um anschießend das Papier gut umknicken zu können. Überschüssiges Papier schneiden Sie ab, wobei ein Umschlag von 2 cm bestehen bleiben sollte. Knapper geht auch, wird aber knifflig.

Berechnen Sie nun, wie breit ihr Buch werden soll und wie viel Buchleinen Sie zuschneiden müssen. Wie immer haben Sie die Qual der Farb-Wahl.

Auf der Graupappe für den Einband trage ich pingelig genau ein, wo sich welche Abstände befinden, bis wohin das Papier reichen und ob es unter oder über das Buchleinen geklebt werden soll. Je klarer Sie dies beschriften, desto einfacher wird das Kleben sein. Diese Vorbereitung lohnt sich enorm – denn wenn Sie erst im Klebe-Flow ist, kann alles mitunter unübersichtlich werden.

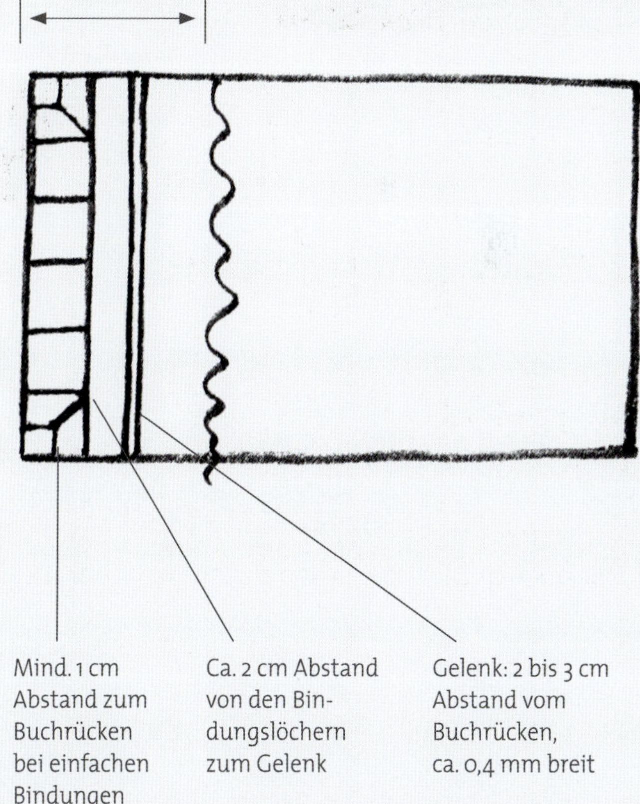

Wenn keine der genormten Bindungen aus dem Schablonen-Vorrat passt, muss die simple „Papierstreifen-Methode“ her: Einen Papierstreifen in Buchhöhe zur Hälfte falten, die abgeteilten Segmente immer wieder halbiert falten, sodass ein Leporello entsteht (Akkordeon-Faltung). Durch die Papierknicke ergibt sich ein symmetrisches Lochschema, das zu jedem erdenklichen Buchformat passt!

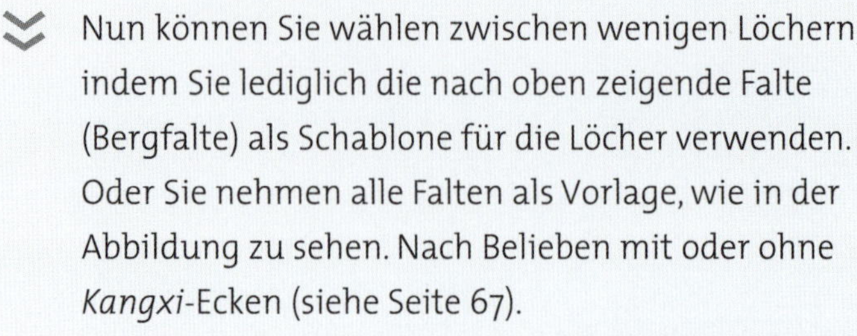

Nun können Sie wählen zwischen wenigen Löchern, indem Sie lediglich die nach oben zeigende Falte (Bergfalte) als Schablone für die Löcher verwenden. Oder Sie nehmen alle Falten als Vorlage, wie in der Abbildung zu sehen. Nach Belieben mit oder ohne *Kangxi*-Ecken (siehe Seite 67).

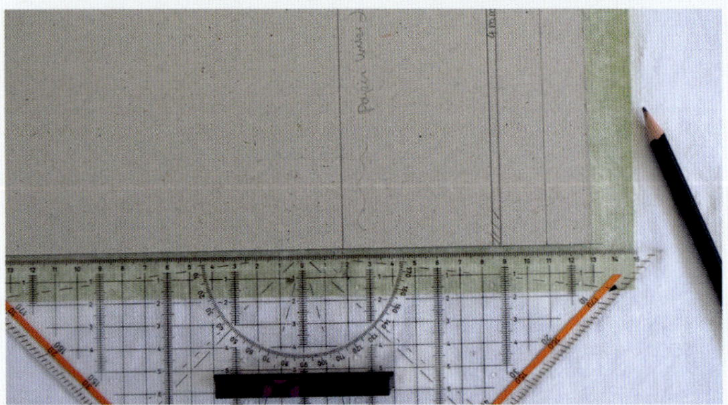

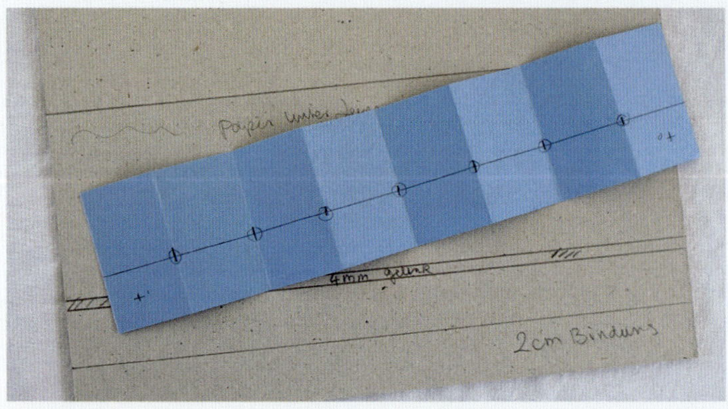

Hier sehen Sie, wie die Planung für den Einband auf der Graupappe vermerkt ist. Mit dieser sorgfältigen Vorbereitung sollte alles klappen.

Wenn das Leinen vermaßt ist, wird es auf einer Schneidematte mit Lineal und Cutter zugeschnitten

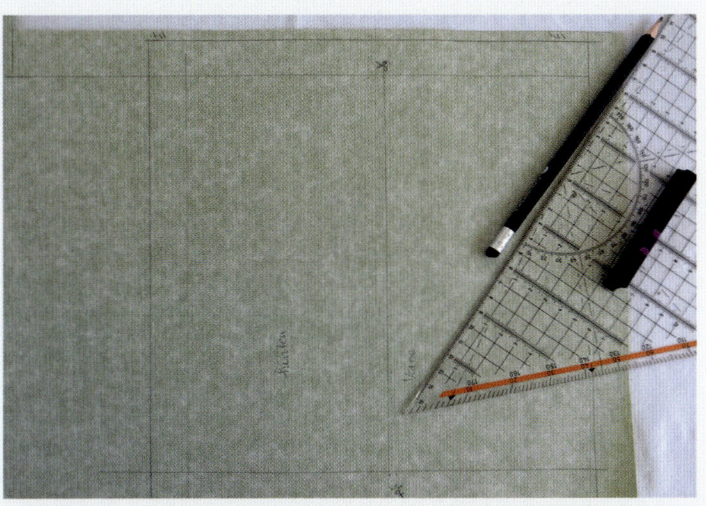

Auch auf dem Buchleinen wird genau vermessen und aufgezeichnet, wie die benötigten Teile zugeschnitten werden.

VORDERSEITE: Zum einen die benötigte Fläche, die bis zur Kante über das Papier geklebt wird, zuzüglich 2 cm Rand an drei Seiten, die umgeschlagen werden. Die Rückseite wird an das Format der Pappe genau angepasst, plus 2 cm Rand an vier Seiten. Besonderheit bei diesem Beispiel: Sowohl Vorder- als auch Rückseite sind bestickt, weshalb Vorder- und Rückseite in diesem Fall gleich berechnet werden. Eine Beschriftung auf dem Leinen mit *vorne* und *hinten* ist hilfreich.

Ebenso verfahren Sie mit den innen liegenden Gegenstücken, den sogenannten Spiegeln. Diese werden an den Seiten ca. 0,5 cm kleiner vermaßt als die Pappe. Dieses Leinenstück sollte aus ästhetischen Gründen bündig abschließen mit der Kante des vorderen Einbands.

So weit ist dies geschafft. Nun geht es ans Kleben, den zweiten abenteuerlichen Schritt.

Meine Empfehlung: Richten Sie sich den Arbeitsplatz ein und legen Sie sich alle benötigten Zutaten im Vorfeld zurecht. Eine Schürze oder ein altes Kleidungsstück sind auch hilfreich – dann können Sie sich ohne Umstände die klebrigen Leimfinger abwischen, bevor Sie ein sauberes Werkstück anfassen.

Liegen Leinen, Vorsatzpapier, Leim, Wachspapier und Pinsel bereit, gehts weiter.

Für das Gelenk schneiden Sie zuerst den breiteren Teil der Pappe ab, dann den kleinen Streifen, den Sie lediglich als Abstandshilfe benötigen.

So liegt alles nun vor Ihnen.

Von der Mitte ausgehend, verteilen Sie den Leim auf der Pappe nach außen. Seitlich legen Sie, wenn nötig, ein Schutzpapier an, bis wohin Sie das Einbandpapier kleben möchten. Die Abdeckung hilft, den Leim wirklich nur dorthin zu verteilen, wohin er soll. Wenn Sie die Pappe zum Andrücken wenden, vermeiden Sie eine unkontrollierte Leim-Verteilung.

Beim Aufkleben hilft es, den seitlichen 2-cm-Rand des bestickten Papiers hochzuknicken. So platzieren Sie die Papp-Kanten genau und richten das gestickte Papier passgenau und rechtwinklig aus.

Beim Kleben von gesticktem Coverpapier ein Wachspapier auflegen, bevor Sie mit Werkzeugen wie Handreiber oder Walze das gestickte Papier andrücken. Auch mit dem Handballen können Sie das Papier fest auf die Pappe pressen. Beginnen Sie von der Mitte aus und streichen Sie nach außen, um eventuell entstandene Luftblasen zum Rand hin auszudrücken.

Nun streichen Sie das Leinenstück mit Leim ein und legen das äußere Pappstück auf, ebenso das schmale Gelenk-Zwischenstück als Abstandshalter daneben, zuletzt ihr bereits mit Schmuckpapier beklebtes Cover. Drücken Sie alles gut an und entfernen Sie das Gelenk-Zwischenstück. Es wird nicht mehr gebraucht.

Wenn nötig, arbeiten Sie vorsichtig mit dem Falzbein nach.

Nun streichen Sie die überstehenden Buchleinen- und Schmuckpapier-Ränder mit Leim ein.

Zuerst schlagen Sie die vier Ecken um, die Sie an der Pappe entlang mit dem Falzbein gut andrücken (eine alternative Ecken-Methode finden Sie auf Seite 41).

Mit dem Handballen drücken Sie das überstehende Buchleinen und Schmuckpapier an die Pappkante, bevor Sie es mit einer fließenden Bewegung ganz umkleben. Am besten geht das, wenn Sie an der Tischkante arbeiten und die Pappe etwas über die Kante herausragt. Schön können Sie hier die fertigen Ecken erkennen.

So sollte das Ganze jetzt vor Ihnen liegen.

Den Spiegel, also das kleinere Buchleinen-Gegenstück für die Einband-Innenseite, kleben Sie als Nächstes auf. Er wird komplett geleimt und bündig mit den umgeschlagenen Seiten angesetzt.

Tipp: Buchgelenk perfekt

Nach dem Binden legen Sie einen Holzstab / Schaschlikspieß in die Kerbe und lassen so das Buch zwischen dem Wachspapier trocknen.

Vorab den rechten Teil andrücken. WICHTIG zur Fertigung des Gelenks: Mit dem Falzbein in der Gelenkspalte das Leinenstück seitlich (zum großen Teil hin) andrücken und damit anschmiegen! Hierbei wölbt sich das Leinenstück nach oben – was es unbedingt soll. Nun drücken Sie es mit dem Falzbein zum „Boden" und dann an die gegenüberliegende Pappkante fest an. Damit hat das Leinenstück den gesamten Spalt erfasst und kann an allen Stellen gut kleben. Das verbleibende Stück kleben Sie nun auch fest. Durch dieses Vorgehen erhalten Sie ein wunderbares Gelenk, das sich vollkommen umklappen lässt!

Ihr Ergebnis müsst nun Ähnlichkeit mit der Abbildung haben. Wenn die Berechnungen nicht perfekt sind, bleibt dies unter der späteren Bindung verborgen, ist also keinen verzweifelten Gedanken wert.

Mit dem Falzbein arbeiten Sie auch auf der Vorderseite das Gelenk aus. Benutzen Sie hierfür das runde Ende des Falzbeins, damit die Spitze nicht versehentlich einen Riss in das Leinen drückt.

So lässt sich das Gelenk komplett umklappen.

Im letzten Schritt kleben Sie das Vorsatzpapier auf. Hierfür streichen Sie zuerst nur die Innenfläche des Einbands mit Leim ein. Im zweiten Schritt folgen gesondert die Kanten des Vorsatzpapiers. Diese unorthodoxe Methode mag auf den ersten Blick unpraktisch und umständlich erscheinen – und

wird von professionellen Buchbinderinnen und Buchbindern auch nicht angewendet. Diese leimen das Vorsatzpapier vollkommen ein und kleben es in einem Schritt auf.
Der Vorteil der zweischrittigen Methode? Sie ermöglicht auch Einsteigerinnen und Einsteigern, verschiedenste Papiersorten verlässlich aufzukleben. Denn Vorsatzpapier kann sich manchmal, vollkommen unerwünscht, einrollen und verweigert unkompliziertes Aufkleben in einem Schritt. Und dann wird's lustig beim Kleben, da man mit Leimfingern das Papier wieder auseinanderrollen muss ... Das liegt an der Laufrichtung, die ich als experimentierfreudige Künstlerin recht wenig beachte. Für mich hat es Priorität, ein außergewöhnliches Papier zu verwenden – und nicht die heilige Handwerks-Regel.

Der Nachteil dieser Methode? Durch die unterschiedliche Verteilung der Feuchtigkeit am Vorsatzpapier können ein paar Falten am Rand entstehen, die Sie vorsichtig ausstreichen.

Nach dem Aufkleben eventuell mit einer Linoldruck-Walze oder mit dem Handreiber (Wachspapier dazwischenlegen) andrücken.
Geschafft!

Nun die Einbände, jede Lage mit Wachspapier voneinander getrennt, unter einem Brett mit Gewichten trocknen lassen, am besten über Nacht. Purer Luxus wäre natürlich eine richtige Buchpresse.

** Furoshiki heißt die Technik, aus einfachen quadratischen Tüchern rasch eine attraktive Verpackung oder eine Tasche zu zaubern.*

Nun geht es weiter mit der Bindung. Für dieses Projekt entsteht mit der „Papierstreifen-Methode" die Schablone für die Löcher (siehe Seite 44). Legen Sie die Schablone mittig an und übertragen Sie die Löcher auf die Buchdeckel. Gerne benutze ich hierzu einen Stift, den ich „Magic Marker" nenne. Ursprünglich zum Markieren auf Stoff gedacht, verschwinden alle Linien und Markierungen von alleine. Einen „Magic Marker" nutze ich immer dort, wo ich keine bleibenden Spuren hinterlassen möchte und nicht radieren kann.

Wenn Sie alle Löcher übertragen haben, beginnen Sie mit der Bindung von der Rückseite her (siehe Seite 64).

Für das zweite Buch fertigte ich eine Schablone nach dem Vorbild der Stab-Bindung und passte sie dem Buchformat an (siehe Seite 38).

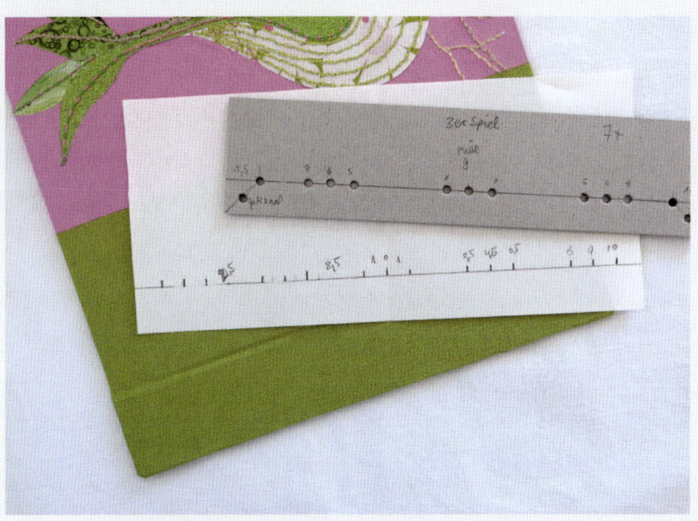

Die klassische japanische Stab-Bindung lernen Sie ausführlich ab Seite 64 kennen.

P23 Sumida-Ryogoku
Sumida-ku
Nihombashi
Koto-ku
Chuo-ku
P29 Ginza
P31 Marunouchi
Chiyoda-ku

Die Projekte

春

INSPIRATION
FRÜHLING

Zur Einstimmung

Der Frühling steht für „Aufbruchstimmung" – im wahrsten Sinne des Wortes brechen Knospen auf, um ihren meist kurzen, vergänglichen Blütenrausch theatralisch in Szene zu setzen. Alles wächst und drängelt sich durch die Erde zum Licht.

Hanami, „Blüten schauen", heißt das auf Japanisch. Der flüchtige Moment der Kirschblüte wird in Japan zelebriert und ist eine Zeit, die sehnsüchtig erwartet wird. Die Vergänglichkeit und Flüchtigkeit des Lebens wird während dieser Jahreszeit besonders intensiv erlebbar. Ein spezieller Wetterbericht informiert über den Entwicklungsstand der Knospen und gibt Auskunft, an welchen Orten die Blüte besonders gut zu genießen ist. Das Picknick im Park verbindet die Menschen gut gelaunt zu einem großen, gemeinsamen Fest – *kanpai**!

Die zarten Farben des Frühlings und der Kirschblüte, *sakura*, sind Inspiration für dieses Kapitel.

Niemand, der durch Japan reist, kann sich dem entziehen, dass ganz viele Gegenstände besonders *kawaii* sind, also süß, lieb und entzückend, wie es übersetzt wird. Mit anderen Worten: Alles, was mit -chen endet, passt zu diesem Thema ganz genau. Dann darf es sicher bei den Buchprojekten einmal quietschend bunt werden, nicht wahr? Auch ein Häschen oder Kätzchen mag sich auf dem Cover wohlfühlen. Wer so etwas überhaupt nicht leiden mag, wird in Japan eine schwere Zeit haben.

Wer dies allerdings richtig toll findet und sich dafür begeistern kann, wird aufblühen bei *Hello Kitty* oder im *Monster Café*.

Ein *Kawaii*-pur-Trend, der auch in Deutschland angekommen ist: *Cosplay!* Das japanische Wort *kosupere*** ist Namensgeber für diese Faszination für Spiel und Kostüm: In der Verkleidung seines Lieblingsstars aus Trickfilm oder Comic, einer Mangafigur, entsteht eine neue Identität im echten Leben

Übrigens: die Emojis wurden ebenfalls in Japan erfunden …

* *kanpai: Prost; anstoßen, einen Trinkspruch ausbringen*

** *kosupure: Cosplay ist eine Zusammensetzung aus den Wörtern costume und play; Kostümspiel, Verkleidung als Lieblingscomic-Star*

Oakwood Apartments
Roppongi Central Tokyo
Tokyo City View
Kamiyacho Sta.
Radiotelevisivo NHK
Museo
Tokyo Stay Shimbashi
Onarimon Sta.
Torre di Tokyo
Shiodome Sta.
Conrad Tokyo
SIO-SITE Shiodome
Mercato esterno di Tsukiji
Hotel Villa Fontaine Shiodome
Mitsui Garden Hotel
Mercato Centrale Metropolitano all'ingrosso di Tokyo
Giardini di Hama-rikyu
Stazione d'Acquabus
Mercato ittico di Tsukiji

Material

für die Einbandpapiere

+ gesammelte Papierschnipsel, selbst eingefärbtes Papier, Tonpapier
+ verschiedene Garne, z. B. Stickgarn, Nähgarn, Knopflochgarn, entsprechende Nadeln
+ Trägerpapier für die Collage
+ Ahle, Schere
+ Klebestift, Sprühkleber
+ Fixativ

zum Binden der Bücher

+ Graupappen für feste Einbände
+ Buchleinen für feste Einbände
+ Vorsatzpapier für feste Einbände
+ Buchbinderleim, Falzbein
+ Tonpapier oder anderes festes Papier für weiche Einbände
+ Papier für den Buchblock
+ passendes Garn für die Bindung, z. B. *Kumihimo*-Band
+ Schere, Revolverlochzange oder Papierbohrer mit Holzbrett
+ Bleistift, eventuell „Magic Marker“
+ Lineal oder Geodreieck
+ Schablone für die Bindung

Boro – Collagen nähen

Mit *boro* ist eine Methode gemeint, die wir heute als Recy cling oder Upcy cling bezeichnen würden, und die eine lange Tradition in Japan hat: Aus Armut und Sparsamkeit erhielt selbst der kleinste Stoffrest seine Wertschätzung, indem er auf eine verschlissene Stelle eines Kleidungsstücks genäht wurde. Mit dem Laufstich* wurde Stoffstückchen für Stoffstückchen liebevoll auf abgenutzte Stellen aufgestickt.

Durch diese zweite Stofflage aus vielen Applikationen wuchs ein Kleidungsstück – gleichsam als Reproduktion des ursprünglichen. So entstand jene besondere Ästhetik, ja eine beseelte Kleidung, die uns noch heute emotional berührt und fasziniert.

Zur Freude aller Papiersammlerinnen und Papiersammler entstehen in diesem Kapitel gestickte Collagen aus Papier. Papierschnipsel um Papierschnipsel, liebevoll vor dem Papierkorb gerettet, fügen sich zu einem neuen Ganzen, werden zusammengehalten vom Laufstich wie seinerzeit die Stoffreste auf der Kleidung. Ob Ihre Papierstücke an einen schönen Urlaub erinnern oder wegen der Farbe bzw. Qualität ausgewählt wurden: Gewiss ist ihnen ein zweites Leben als Buchcover … Es gibt sie also doch, die zweite Chance für einen ersten guten Eindruck.

Leider gibt es für diese verschiedenen Vorgehensweisen keine eindeutige Anleitung, da ich Ihre persönliche Papier-

* *Laufstich: auch Heftstich genannt*

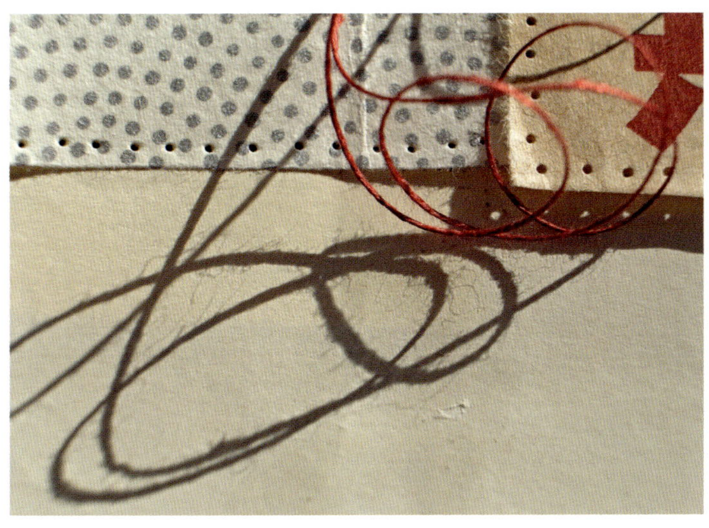

sammlung ja nicht kenne. Gleichwohl können folgende Gestaltungstipps helfen. Wegweiser für eine harmonische Komposition ist der Goldene Schnitt. Vereinfacht ausgedrückt: Legen Sie bei der Gestaltung den Bildschwerpunkt in die Schnittstelle der gedachten Linien, die im Verhältnis des Goldenen Schnitts angelegt sind. Hier befindet sich der optische Schwerpunkt – ein guter Platz für Ihr auffälligstes Papierstück. Eine sichere Methode ist es, die Collage mit drei Schwerpunkten anzulegen – oder fünf oder sieben: Eine ungerade Anzahl von Elementen wird ein spannendes Cover ergeben.

Als Alternative: Bilden Sie Kontraste, aus denen sich Spannung entwickelt. Dies kann ein farblicher Kontrast sein (kalt – warm, hell – dunkel) oder ein formaler (groß – klein). Ansonsten empfehle ich: Folgen Sie Ihrer Intuition und Ihrem persönlichen Geschmack.

Japanische Stab-Bindung

Die bereits vorgestellte klassische Stab-Bindung *yotsume toji** ist einfach zu erlernen und kann vielfältig eingesetzt werden, nämlich überall dort, wo ein Faden, eine Nadel und Papier zur Verfügung stehen. Ein paar Variationen geben Spielraum für fantasievollen Gebrauch.

Die Stab-Bindung stammt ursprünglich aus China. Daher erklärt sich auch, dass eine bestimmte Art, Buchecken mit einem zusätzlichen Loch zu binden, den Namen des chinesischen Kaisers *Kangxi* trägt. Diese Technik ist nicht nur dekorativ, sondern schützt die Außenkante eines Buchs. Gleichwohl die Bindung auf den ersten Blick kompliziert ausschaut, geht sie leicht von der Hand und folgt einem einfachen Schema. Die Unterschiede liegen in der Eckengestaltung – diese können Sie nach eigenem Geschmack hinzufügen oder weglassen.

Nachdem Sie den Faden ausgemessen haben (siehe Seite 40), beginnen Sie immer gleich: Das Buch liegt mit der Rückseite nach oben vor Ihnen. Sie schieben die Nadel zwischen den Seiten zum Start-Loch. Je stabiler die Bindung den Einband mit dem Buchblock zusammenhält, desto mehr können Sie nach Bedarf das Buch während des Bindens drehen und wenden. Dies spüren und lernen Sie beim Tun.
Ein Stück Fadenende bleibt sichtbar hängen und wird am Ende mit der Nadel zwischen die Seiten geschoben.

** yotsume: vier Augen; toji : zusammenheften, zunähen*

ANLEITUNG

Sie arbeiten von rechts nach links und folgen dem Schema der gewählten Bindung, wie in den Zeichnungen zu sehen.

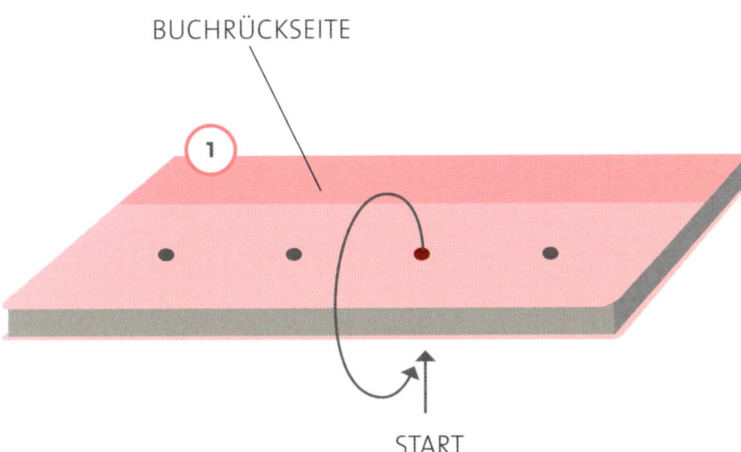

Nadel zwischen die Blätter des Buchblocks schieben und Schlaufe um den Buchrücken legen.

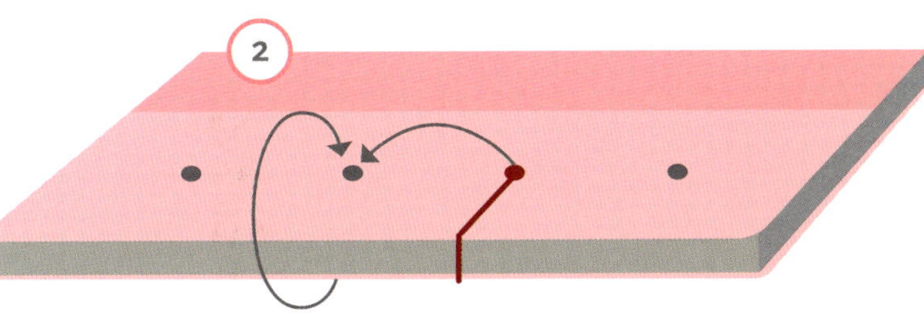

Nach links gehen, Schlaufe um den Buchrücken legen.

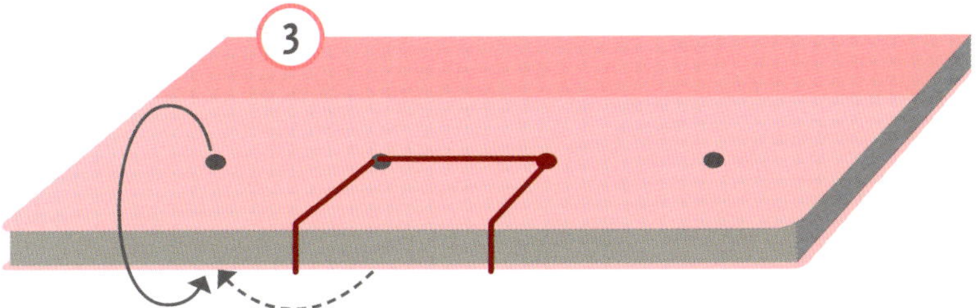

Nach links gehen, Schlaufe um den Buchrücken legen.

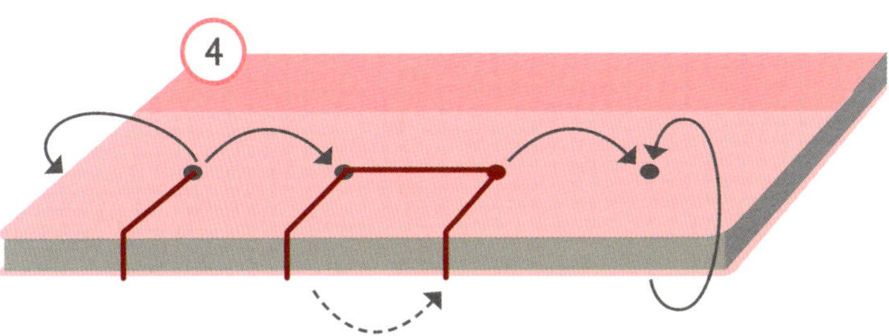

Nach links gehen, Schlaufe um die Buchseite legen, zurück zum vorangehenden Loch und weiter im „Rauf-Runter"-Modus, Schlaufe um den Buchrücken binden.

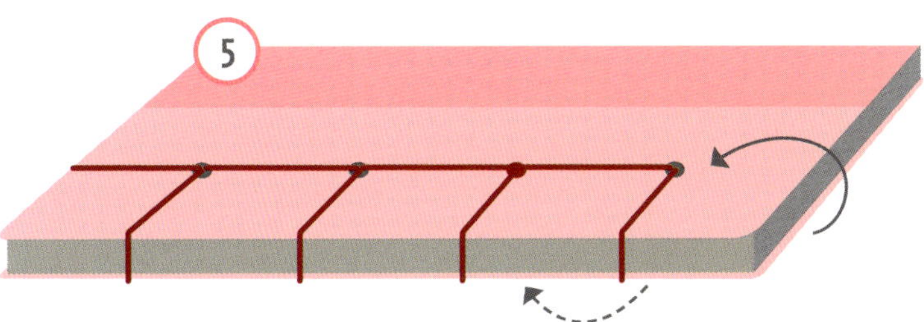

Die Schlaufe um die Buchseite binden, zurück durch das Loch und zum Start-Loch gehen.

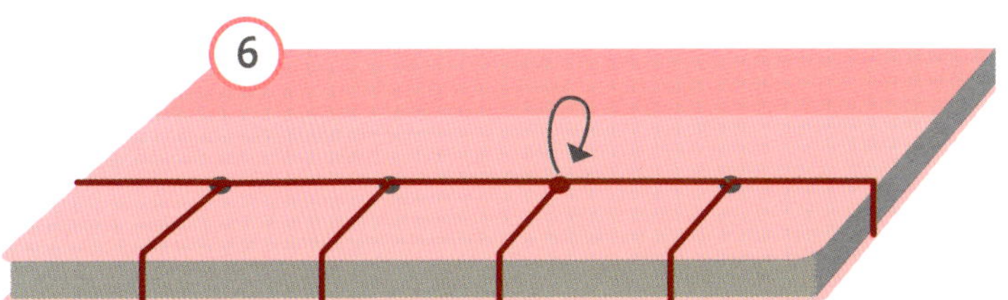

Den Faden durch das Start-Loch zur Buchrückseite (=Arbeitsseite) fädeln. Den Knoten fertigen und durch das Start-Loch auf die Buchvorderseite (=rückwärtige Arbeitsseite) ziehen. Der Knoten verschwindet nun im Loch (siehe Seite 66).

FERTIG!

Den Knoten fertigen Sie, indem Sie die Nadel nach links unter drei Fäden hindurchführen.

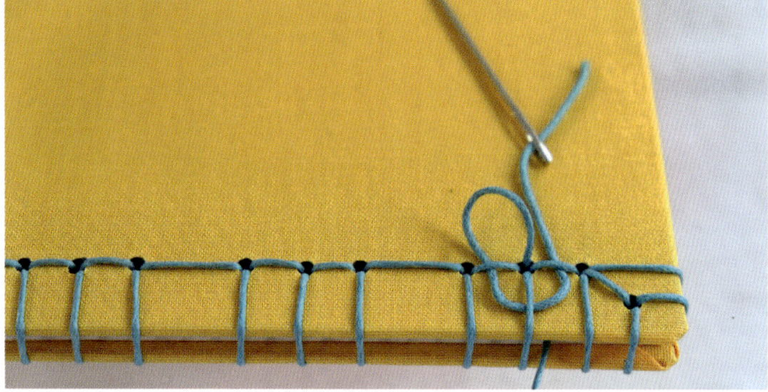

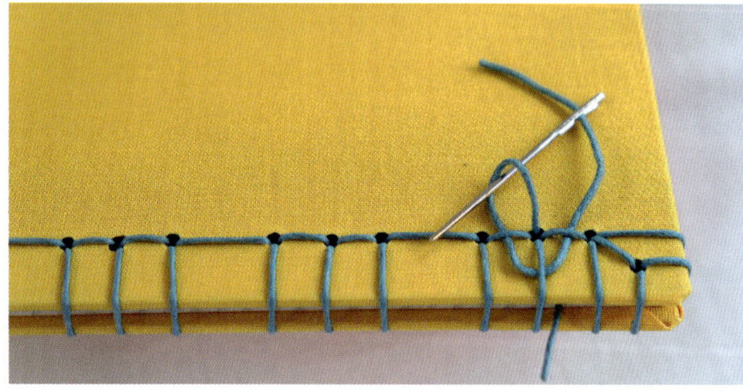

Diese Schlaufe halten Sie zwischen linkem Zeigefinger und Daumen etwas gespannt.

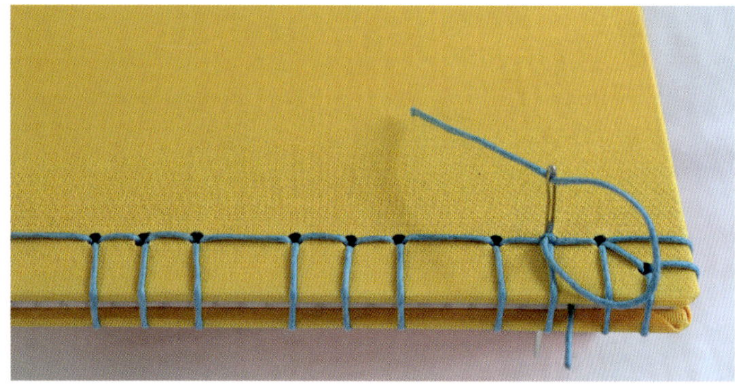

Durch diese Schlaufe schieben Sie die Nadel und ziehen den Faden fest an. Mal nach rechts, mal nach links ruckeln, damit der Knoten richtig stramm sitzt.

Den Knoten ziehen Sie durch das Start-Loch zur Buchvorderseite und schneiden den Faden knapp ab. Wie durch ein kleines Wunder ist der Knoten verschwunden und das fertig gebundene Buch liegt vor Ihnen.

TIPP: Wenn die Nadel einmal sehr fest sitzt, kann man sie mit einer flachen Zange packen und durchziehen.

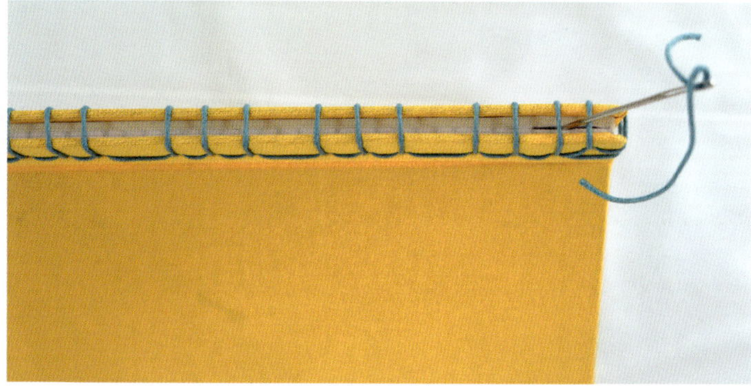

Mit der Nadel schieben Sie zum Schluss das Anfangsstück zwischen die Seiten.

WICHTIG: Während des ganzen Binde-Prozesses sollte der Faden straff gespannt sein. Das erreichen Sie, indem Sie mit beiden Händen arbeiten. Im Wechsel hält die eine Hand den Faden stramm, drückt ihn fest an das Loch, während die andere Hand die Nadel durch die nächste Öffnung führt. Dies gewährleistet einen fest sitzenden Buchblock zwischen den Buchdeckeln.

Kangxi-Ecken

Für alle Bindungen, auch diejenigen der Sommer- und Herbstprojekte, können Sie *Kangxi*-Ecken einfügen. Es kommt auf den vorhandenen Platz an. Das entscheiden allein Sie – je nachdem, wie viel Lust Sie auf mehr oder weniger Dekoration verspüren.

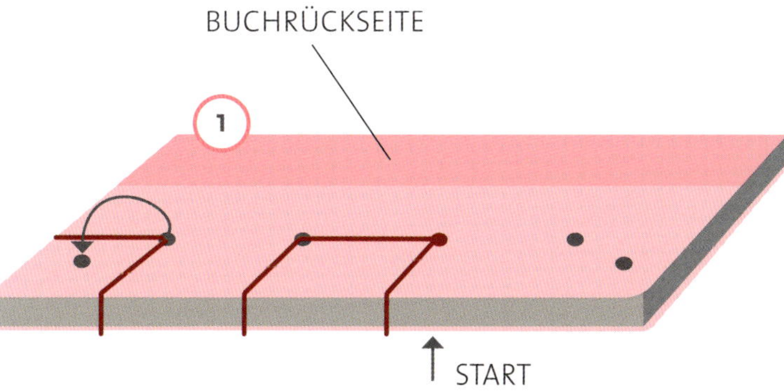

Die klassische Stab-Bindung beginnen Sie wie auf Seite 65 beschrieben, bis Sie am linken Buchrand angekommen sind. Ziehen Sie den Faden diagonal durch das zusätzliche Loch.

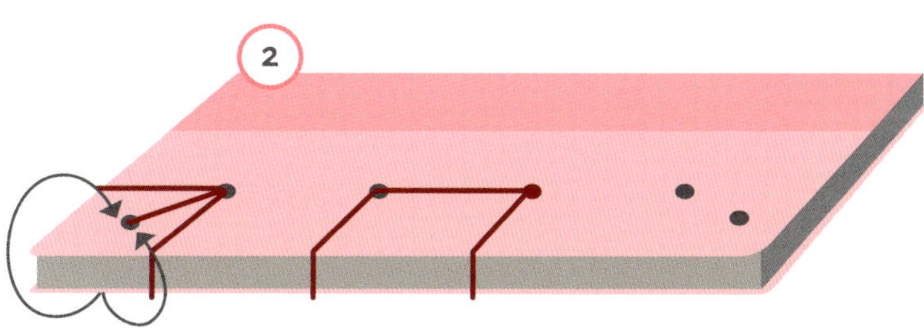

Den Faden legen Sie als Schlaufe um den Buchrücken und um die Buchseite. Dabei kehren Sie jeweils zum Loch zurück.

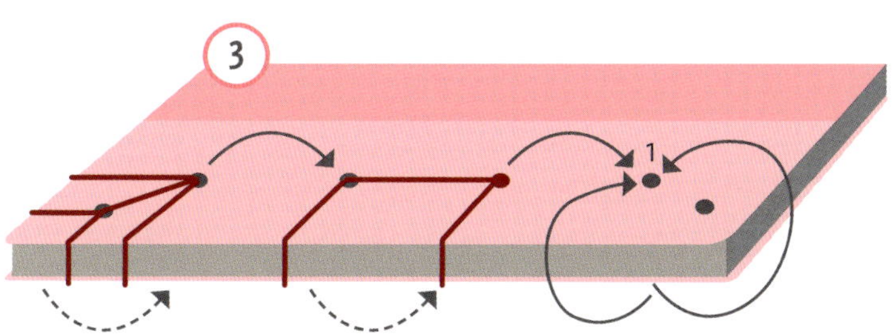

Auf dem Rückweg komplettiert sich das Muster der Bindung. Wenn Sie zu Loch 1 gehen, binden Sie je eine Schlaufe um Buchseite und Buchrücken.

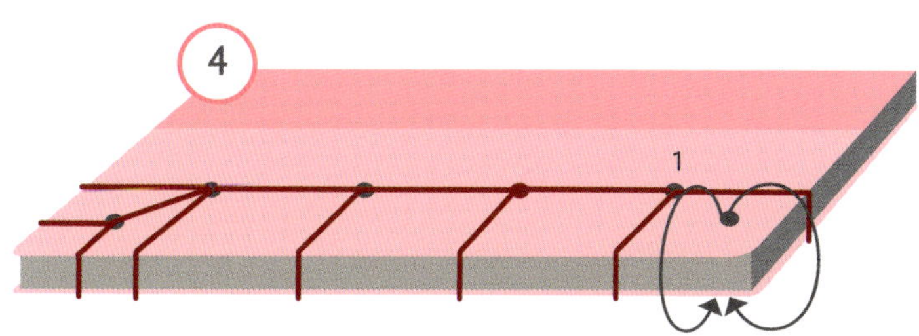

Von dem zusätzlichen Eck-Loch binden Sie je eine Schlaufe um die Buchseite und den Buchrücken und kehren zu Loch 1 zurück.

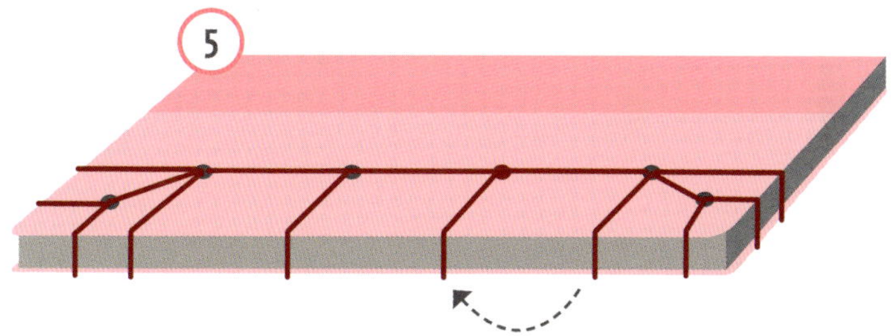

Zum Start-Loch zurückkehren ...

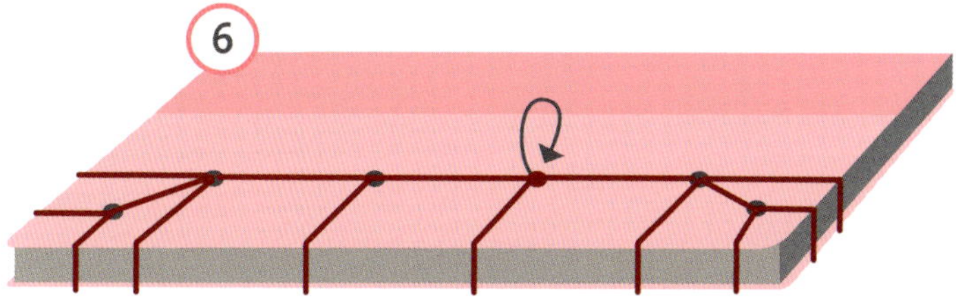

... und den Faden durch das Start-Loch zur Buchrückseite (=Arbeitsseite) fädeln. Den Knoten fertigen und durch das Start-Loch auf die Buchvorderseite (=rückwärtige Arbeitsseite) ziehen. Der Knoten verschwindet nun im Loch.

Hana* lächelt

Eine Blüte ganz im Stil von *kawaii* bildet den Einstieg für das erste Projekt. Es ist ein Vorschlag, aus einfachen Kreis-Formen etwas Niedliches entstehen zu lassen – ein fröhliches Emoji als Auftakt, sich auf die Welt des Buchbindens einzustimmen.

Bindung: Stab-Bindung (siehe Seite 64)
Schablone: siehe unten, Download
Fadenlänge: 3 x Buchhöhe

Als Vorbereitung legen Sie ein Tonpapier (ca. 200 g/qm) querformatig vor sich hin (Höhe 29,7 cm). Das Tonpapier wie abgebildet aufteilen. Beide Seiten rechts und links vom mittleren Knick in der Papiergröße DIN A4 bemessen (Breite 21 cm), die beiden Außenseiten etwas schmaler als DIN A4. Zuerst das Motiv aus Kreisformen bilden und aufsticken.

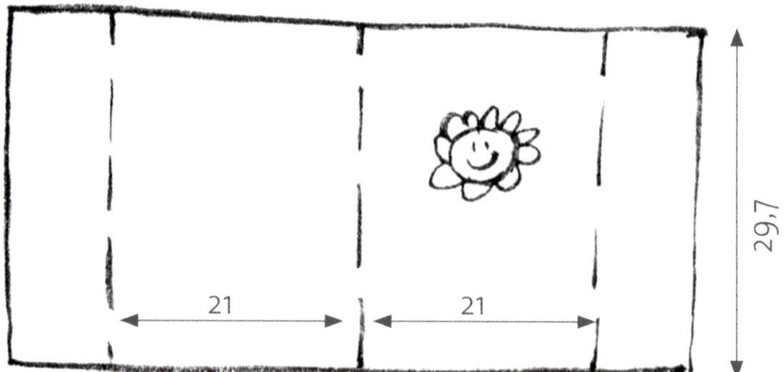

*Hana: Blüte

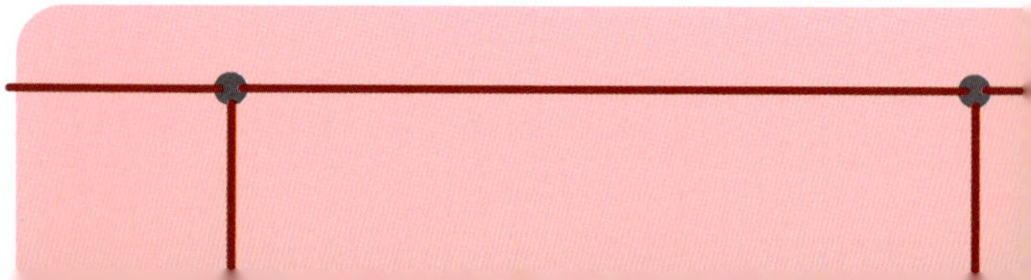

INSPIRATION FRÜHLING

Mit einem Klebestift können Sie die einzelnen Papierkreise etwas fixieren. Wenn Sie Ihr Stickmotiv fertiggestellt haben, das Papier an den gestrichelten Linien falten. Die äußeren Seiten nach innen umschlagen und festkleben. So wird ein Einband aus leichterem Papier stabil und bleibt dabei gleichzeitig flexibel.

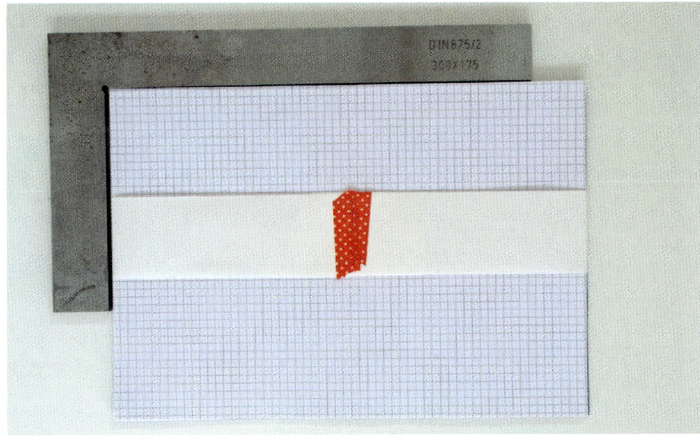

Der Buchblock wird mit einer Banderole zusammengehalten. Dies ersetzt die japanische innere Bindung (siehe Seite 15).

Als Anschlag dient ein Stahlwinkel. Einband, Innenpapier und Schablone kommen so passgenau zu liegen. Markieren Sie die Löcher und bohren Sie zuerst die Einbandlöcher, dann den Buchblock.

Den Stapel in der richtigen Reihenfolge zusammenlegen und binden.

Neko* – eine Katze in Tokio

Meine Erinnerung an eine ganz besondere Katze in Tokio ist so lebendig, dass sie mich auf die Idee für das Cover brachte: Die Katze entdeckte ich, als ich an der Haltestelle ausstieg. Sie thronte absolut lässig an einer lebendigen Kreuzung auf einem Schaltkasten. Gelassen schaute sie auf die Vorbeilaufenden, die (wie ich auch) sofort ein Bild von ihr machten. Ob sie immer noch auf ihrem Lieblingsplatz sitzt, wenn ich wieder vorbeikomme?

** neko: Katze*

«Übertragen Sie ein Katzengesicht auf einen Stadtplan Ihrer Lieblingsstadt: Hierzu Ihre Vorlage auf farbiges Papier legen, bei Bedarf mit Wäscheklammern befestigen und die Stick-Punkte mit einer Ahle durchstechen. Mit etwas Abstand zur Lochkontur das Motiv ausschneiden und mit einem Klebestift auf der Unterlage fixieren. Sticken Sie im Rückstich in den Farben Ihrer Wahl!

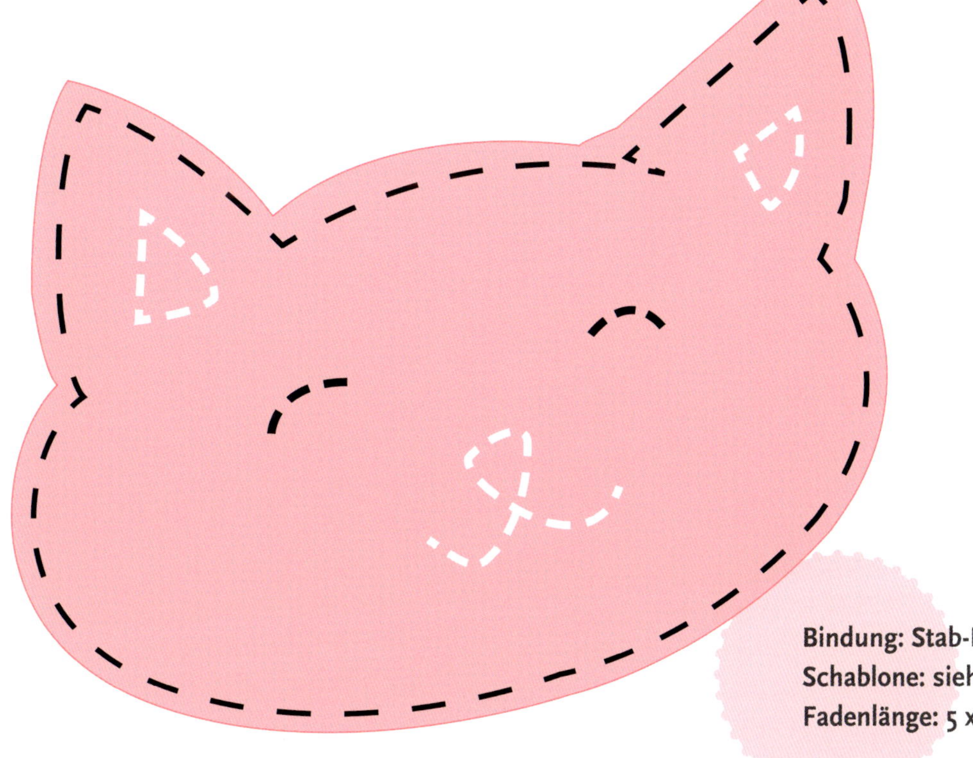

Bindung: Stab-Bindung (siehe Seite 64)
Schablone: siehe unten, Download
Fadenlänge: 5 x Buchhöhe

Komorebi* – erstes Frühlingslicht

Pink feiert hier seinen Auftritt. Eine japanische Briefmarke und eine Übersetzung meiner Reiseleiterin inspirierten mich zu dieser Collage. Die Verpackung einer Süßigkeit *mochi*** ergänzt harmonisch das Pink mit dem Frühlingsgrün.

Bindung: Stab-Bindung (siehe Seite 64)
Schablone: siehe unten, Download
Fadenlänge: 7 x Buchhöhe

TIPP: Mit wenigen Handgriffen und ein paar Zutaten lässt sich ein Verschluss für ein Buch zaubern: Mit einer Ahle stechen Sie an entsprechender Stelle jeweils zwei Löcher – auf der Vorderseite für einen Knopf, auf der Rückseite (nah am Rand) für ein Haargummi. Beide Teile annähen, am besten mit einem Stickgarn, das Sie bereits für die Collage verwendet haben. Fertig ist der Verschluss!

Hier ist die Bindung mit *Kangxi*-Ecken zu sehen. Die Löcher haben einen Abstand von 1 cm.

* *komorebi: Zwielicht, das durch erste Frühlingsblätter fällt*

** *mochi: japanische Reiskuchen aus gestampften Reiskörnern. In Nara kann man die Zubereitung als Touristenbelustigung beobachten: Sehr aufregend, wenn im Wechsel der eine Partner mit dem Holzstößel heftig auf den Reisbrei schlägt und der andere blitzartig den Teig wendet, bevor der nächste Schlag heruntersaust.*

Kamakura* – großer Buddha

Ein Mitbringsel aus *Kamakura* war so hübsch verpackt, dass die Tüte zum Anlass für diese Collage wurde. Um sie herum entstand mit anderen Papierresten der Einband. Auch der kleine Hasenaufkleber, meine „Entdeckung" in einem winzigen, wunderbar überfüllten Mini-Papierladen, passte farblich gut und erzeugt ein wenig *Kawaii*-Stimmung in der ansonsten erdigen Farbpalette.

** Kamakura: eine ca. 50 km südwestlich von Tokio an der Sagami-Bucht gelegene Stadt mit einer beeindruckend großen Buddha-Statue von 13,35 m Höhe.*

Bindung: Stab-Bindung (siehe Seite 64)
Schablone: siehe unten, Download
Fadenlänge: 6 x Buchhöhe

VARIANTE STAB-BINDUNG: Die Ausführung erfolgt hier dem Buchformat entsprechend. Falten Sie mit einem Papierstreifen ein Leporello in der Breite Ihres Buchs. Wählen Sie aus, ob Sie an jeder oder lediglich an jeder zweiten Falte ein Loch bohren möchten (siehe auch Seite 44).

Sakura* – Kirschblüten

Sakura lebt von den Blütenaufklebern, ebenfalls „Beute“ aus dem bereits erwähnten Mini-Papierladen, der nur so überquoll vor fantastischem Büro- und Papeterie-Zubehör. Auf kleinstem Raum gab es wirklich alles, was das Herz eines Papier-Junkies höher schlagen lässt. Gerne hätte ich ein paar Stunden mehr Zeit gehabt für meine dortige Entdeckungstour!

** sakura: Kirschblüte*

Bindung: Stab-Bindung (siehe Seite 64)
Schablone: siehe unten, Download
Fadenlänge: 7 x Buchhöhe

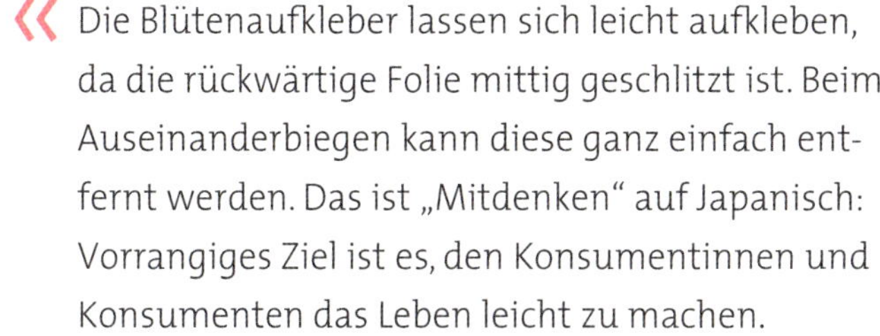

Die Blütenaufkleber lassen sich leicht aufkleben, da die rückwärtige Folie mittig geschlitzt ist. Beim Auseinanderbiegen kann diese ganz einfach entfernt werden. Das ist „Mitdenken“ auf Japanisch: Vorrangiges Ziel ist es, den Konsumentinnen und Konsumenten das Leben leicht zu machen.

TIPP: Mit einem handelsüblichen Motivlocher können Sie Blüten ausstanzen. Die ausgestanzten Papierreste lassen sich gut als Schablone verwenden: Tupfen Sie mit einem kleinen Stempelkissen über die freien Stellen und lassen Sie Blüten in Frühlingsfarben entstehen.

Der vordere Einbanddeckel besteht aus der Collage, die mit einem festen Tonpapier gegenkaschiert ist. Mit Lineal und Falzbein eine Kerbe nah der Bindung fertigen zum besseren Umschlagen.

Hanami* – yamato toji**

Bei diesem Projekt lernen Sie die alternative Bindung *Yamato* kennen. Diese Bindung wird vielfach auch heute noch in Japan verwendet. Möglicherweise ist die *Yamato*-Bindung um einiges einfacher als die Stab-Bindung ... Sprichwörtlich „kinderleicht" ist diese Methode, ein Heft oder Buch zu fertigen, und lässt sich gut auf alle erdenklichen Formate übertragen.

** hanamí: Blüten schauen*
*** Yamato: das alte Japan, historische Kernlandschaft Japans; ehemalige Provinz, heute Präfektur Nara*

Bindung: Yamato-Bindung
Schablone: siehe unten, Download
Fadenlänge: selber bemessen

Neben den bekannten Materialien benötigen Sie ein hübsches Band. Für die Bindung können Sie die Schablone benutzen oder mit Hilfe eines Geodreiecks den Ort für zwei Lochpaare am Rand des Buchrückens selbst festlegen. Diese werden auch für den Buchblock gebohrt.
Durch jedes Lochpaar ziehen Sie ein Band und knoten dies stramm zusammen.
Praktisch ist, zuerst ein Hilfsband an einem Lochpaar zu fixieren, damit Sie in Ruhe das Band in das andere Lochpaar einfädeln können.

TIPP: Ein „angespitztes" Ende (mit *Washi*-Tape) hilft beim Einfädeln. Je nach Qualität die Band-Enden mit etwas Leim oder Klebstoff vor dem Aufribbeln sichern.

Wenn Sie Papier aus einem Collegeblock verwenden, müssen Sie noch nicht einmal die Löcher auf den Buchblock übertragen, lediglich die vorgegebene Lochung beachten. Diese Art eignet sich besonders für kleinere Hefte und Notizblöcke, die Sie schnell und ohne großen Aufwand fertigen können.

Die klassischen *Kadogire*-Ecken (siehe Seite 15) habe ich mit einem Stück *Washi*-Tape nachempfunden. Geht flott von der Hand und macht doch viel her, nicht wahr?

Nakasendo* – Baumkuchen-Gelb

Den *Nakasendo**-Weg habe ich 2015 auf einer Wanderung kennen gelernt – ein Erlebnis, das für mich sehr wichtig war. So wundert es sicher niemanden, dass mir damals gesammelte Papierschnipsel und Stempel so viel bedeuten, dass sie für dieses Cover verwendet werden.

** Nakasendo: Alte Handelsroute, die Edo (heute Tokio) mit der alten Hauptstadt Kyoto auf dem Inlandweg verband. Hier entstanden Gasthäuser sowie Post- und Zollstationen. Auch heute noch lassen sich Teile davon in Kombination mit öffentlichen Transportmitteln erwandern.*

Bindung: Stab-Bindung (siehe Seite 64)
Schablone: siehe unten, Download
Fadenlänge: 3 x Buchhöhe

Die Rückseite zeigt das herrliche Baumkuchen-Gelb!

Baumkuchen – das deutsche Wort wird in Japan genauso geschrieben. Dieser dort sehr beliebte Kuchen bereitet endlich mal keine Sprachprobleme! Der rheinländische Konditor Karl Juchheim kam während des Ersten Weltkriegs als Kriegsgefangener von China in ein Lager nach Japan. 1917, anlässlich einer Ausstellung mit deutschen Produkten, stellte er den ersten Baumkuchen vor. Nach seiner Freilassung eröffnete Juchheim einen eigenen Konditorladen. Trotz etlicher Schicksalsschläge, sein Laden wurde bei einem Erdbeben zerstört, eröffnete er in Kobe erneut ein Geschäft, von wo aus der Siegeszug seines Baumkuchens begann. Bis heute ist Baumkuchen fester Bestandteil des japanischen Gebäckangebots.

TIPP: Das erste Loch bei der Bindung habe ich mit einer Ahle gestochen, um den Stickfaden nicht zu beschädigen, was bei der Benutzung der Lochzange zwangsläufig passiert wäre.

Zu Gast: Kristina Körners poetische Frühlingsinterpretationen

Im Gegensatz zu der klaren, geradlinigen Art, mit der ich die Dinge gestalte, möchte ich hier den Kontrapunkt einfließen lassen. Schauen Sie selbst – Gestaltungsvielfalt ist grenzenlos und individuell!

TIPP: Kristina Körner verwendet gerne geteilte Stickfäden, die sie schon vor dem Sticken zu einer neuen Farb-Melange zusammenbringt. Dadurch entstehen zarte, feine, also malerische Farbklänge aus Garn und Papier.

Die Größe der Schablone wird mit der Papierstreifen-Methode individuell ermittelt (siehe Seite 44).

Bindung: Stab-Bindung (siehe Seite 64)
Schablone: siehe Seite 75 (mit *Kangxi*-Ecken) und Seite 77
Fadenlänge: 7 x Buchhöhe

夏

INSPIRATION
SOMMER

Zur Einstimmung

Der Sommer ist die Jahreszeit, die wir naturgemäß mit Hitze und Wasser in Verbindung bringen, sei es in Form von Regen oder als Freizeitspaß am Badesee. Auch in Japan ist diese Jahreszeit mit Regen und schwüler Hitze verbunden, dann laufen nicht nur die Klimaanlagen heiß … Nicht von ungefähr finden sich alle paar Meter Automaten mit gekühlten Getränken …

Daher assoziiere ich mit dem Sommer-Kapitel die leuchtenden Hitze-Farben von Rot bis Orange in Verbindung mit kühlendem Wasserblau. Traditionell ist die Farbkombination Rot, Gold und Schwarz häufig in Japan anzutreffen. In dem *Shinto*-Schrein *Fushimi Inari Taisha* in Kyoto ist man als Besucher geradezu überwältigt von der Intensität der orangefarbenen 10.000 *torii**, unter denen man stundenlang laufen kann bis zum höchsten Punkt. Mit der schwarzen Schrift, den schwarzen Sockeln und den schwarzen Teilen an der Dachkonstruktion sind sie Inspiration für das Farbkonzept.

Ebenso beeindruckend ist der goldene Pavillon *Kinkaku ji* in Kyoto aus dem 14. Jahrhundert, der über und über mit Blattgold bedeckt ist.

Wen wundert es, wenn sogar Fische in diesen Farbkombinationen gezüchtet werden und den bezeichnenden Namen *Nishikigoi*, also Brokatfisch, tragen?

Neben den Sommer-Farbklängen charakterisieren sich die in diesem Kapitel gezeigten Projekte durch den *Sashiko*-Stich.

Dieser besondere Stich, um feine, klassisch japanische Muster zu sticken, ist vielen sicherlich schon bekannt. In Japan lassen sich überall grafische Ornamente entdecken, beispielsweise ein Zaun im Rautenmuster, die quadratisch, rhythmische Anordnung der Steinplatten im Tempel *Tofukiu-ji* oder das moderne Bahnhofsgebäude in Kyoto. Ob es das alte, traditionelle Japan ist oder die moderne Großstadtarchitektur: Die hier vorgestellten Muster sind aus einer Vielzahl von Möglichkeiten abgeleitet. Jedes wurde von Hand gezeichnet. Dadurch bleiben kleine, hoffentlich charmante Unregelmäßigkeiten erhalten, die eine Handarbeit kennzeichnen.

* *torii: Tor vor Shinto-Heiligtümern, wird gebildet aus zwei senkrechten Holzpfeilern, die mit zwei Querbalken verbunden sind; die torii symbolisieren die Trennung zwischen realem und spirituellem Leben.*
Man sollte sich immer seitlich halten, wenn man durch das Tor hindurchgeht, da der mittlere Weg den Göttern vorbehalten ist, so die japanische Vorstellung.

Material

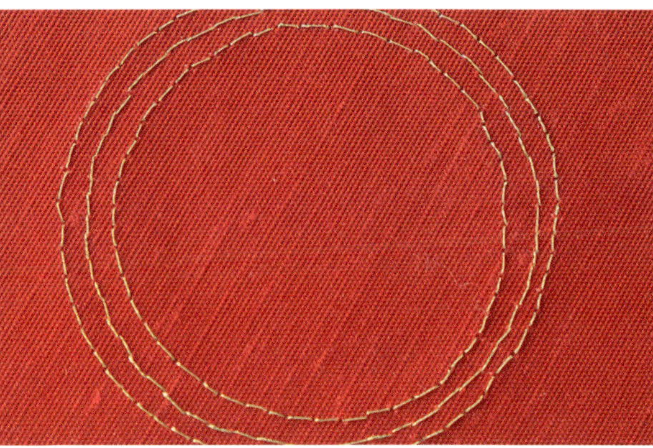

für die Einbandpapiere

+ Papier zum Sticken (jedes Papier um 120 g/qm)
+ verschiedene Garne, z. B. Stickgarn, Nähgarn, Knopflochgarn, entsprechende Nadeln
+ Ahle, Schere
+ Klebestift, *Washi*-Tape
+ Fixativ
+ Mustervorlagen

zum Binden der Bücher

+ Graupappen für feste Einbände
+ Buchleinen für feste Einbände
+ Vorsatzpapier für feste Einbände
+ Buchbinderleim, Falzbein
+ Papier für den Buchblock
+ passendes Garn für die Bindung
+ Schere, Revolverlochzange oder Papierbohrer mit Holzbrett
+ Bleistift, eventuell „Magic Marker“
+ Lineal oder Geodreieck
+ Schablone für die Bindung

Sashiko* – der Laufstich

Der Laufstich ist sicher die einfachste Art zu sticken. Nadel und Faden werden durch das Material von vorne nach hinten geführt und von hinten nach vorne zurück. Das ist es! Im Wechsel liegt nun der Faden einmal vorne, einmal hinter dem Werkstück. In diesem Rhythmus entsteht eine durchbrochene Linie, die eine faszinierende, grafische Kraft aufweist. Im Vergleich zum Sticken auf Stoff gibt es bei Papier kleinere Abweichungen zu beachten.

In diesem Buch und als Download finden Sie Mustervorlagen, die Sie kopieren oder ausdrucken können. Die Vorlage legen Sie passgenau (1:1) auf Ihr Stickpapier, befestigen sie an zwei Stellen mit *Washi*-Tape zum Schutz vor dem Verrutschen und stechen mit einer Ahle entlang der gestrichelten Linie die zu stickenden Löcher vor. Das Papier liegt auf einem Stück Filz, sodass Sie die Stiche gut ausführen können. Dabei stechen Sie jeweils am Beginn und am Ende der kleinen, schwarzen Linien ein. Die kleinen Striche zeigen die Position vom späteren Stickfaden an. Möchten Sie zwei identische Seiten sticken, legen Sie gleich zwei Papierlagen unter die Vorlage.

Sobald Sie die Vorlage wegnehmen, können Sie mit dem Sticken beginnen: Schieben Sie die Nadel dabei möglichst senkrecht durch das Loch und ziehen Sie den Faden von hinten ohne seitlichen Zug hindurch. Wenn Sie den Faden zurücksticken, am besten das Blatt wenden, um das Stickloch zu treffen. Auf diese Weise entsteht ein rhythmisches Arbeiten, das sehr beruhigend sein kann. Es wird Loch für Loch gestickt – im Gegensatz zum Arbeiten mit Stoff,

** Laufstich: auch Heftstich genannt*

wo man mehrere Stiche in einem Arbeitsgang fertigen kann. Diese umsichtige Vorgehensweise schützt das Papier vor Beschädigung.

Entgegen den Covern der Frühlingsprojekte vernähen Sie nun das Fadenende lieber vom Rand her. Beim späteren Bucheinband drücken sich dann diese Stellen nicht störend, also außerhalb des Musters durch, sondern bleiben „in der Linie".

Wenn möglich, beginnen und enden Sie mit dem Faden von außen, sodass die Enden im Umschlag verschwinden werden. Während des Stickens können Sie die losen Fadenenden mit *Washi*-Tape fixieren. Vor dem Kleben des Einbands entfernen Sie dieses Provisorium wieder – beim fertigen Einband sind ja alle Fäden unwiederbringlich fixiert.

Das hier verwendete Papier ist ein Universalzeichenpapier und dem Werkdruckpapier ähnlich, 70 g/qm schwer. Dennoch fühlt es sich fester an und ist sehr stabil.

Wenn Sie die Einbandpappe auf das gestickte Papier legen, können Sie mit dem Falzbein entlang der Kante einen Falz in das Papier rillen. Damit sind die Seitenteile, die später umgeknickt werden, leichter erkennbar. Gleichzeitig prüfen Sie dabei die Größe und Passgenauigkeit zwischen Stickerei und Graupappe.

TIPP: Sollte das Papier doch einmal einreißen, können Sie ein winziges Papierstück mit Klebestift „als Pflaster" aufkleben. Zudem lassen sich mit Klebestift lose Fadenenden zu Beginn oder am Ende sichern.

TIPP: Sollten Sie beim Sticken den Überblick verlieren, können Sie immer mit dem „Magic Marker" auf der Vorderseite die Linien einzeichnen. Das Gute ist, dass diese Linien von alleine wieder verschwinden.

ÜBRIGENS: Sollten Sie Spaß daran finden, eigene Muster zu entwickeln, nehmen Sie einfach ein Millimeterpapier (DIN A4), um Ihre Entwürfe aufzuzeichnen.

** sashiko: steppen, quilten, gesteppte Jacke*

*Kikkou toji** – die Schildkrötenpanzer-Bindung

Hier lernen Sie die klassische Schildkrötenpanzer-Bindung *kikkou toji* kennen und einige ihrer Varianten. Auf den ersten Blick mag diese Bindung verwirrend und kompliziert anmuten. Doch schnell wird klar, dass auch diese Bindung einem logischen Schema folgt.

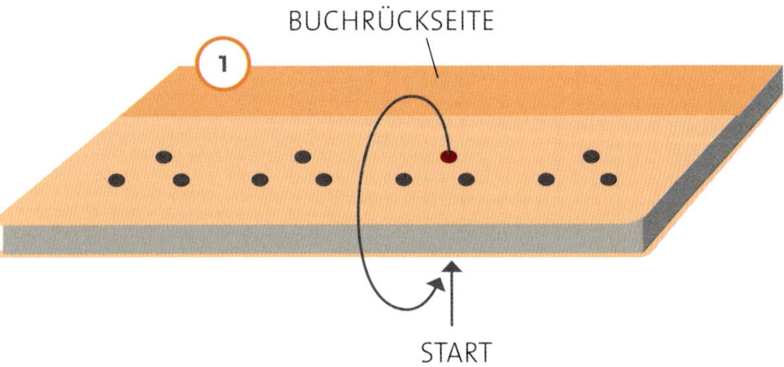

Der Beginn liegt auf der Rückseite des Buchs. Folgen Sie der Zeichnung mit der ersten Schlaufe um den Buchrücken.

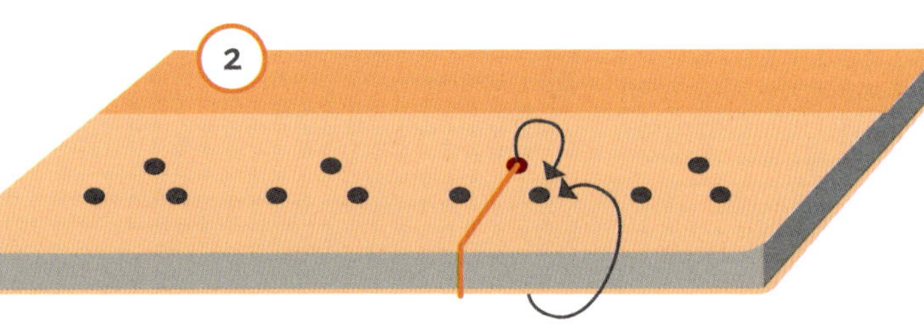

Gehen Sie diagonal nach rechts und binden Sie wieder eine Schlaufe um den Buchrücken, auf der Arbeitsrückseite kehren Sie zurück zum Start-Loch.

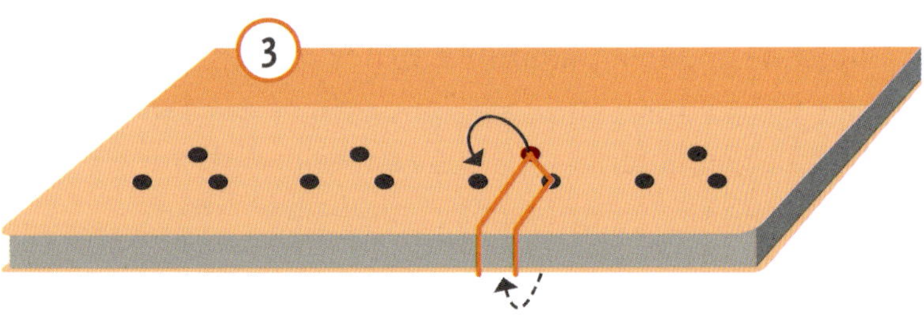

Gehen Sie diagonal nach links …

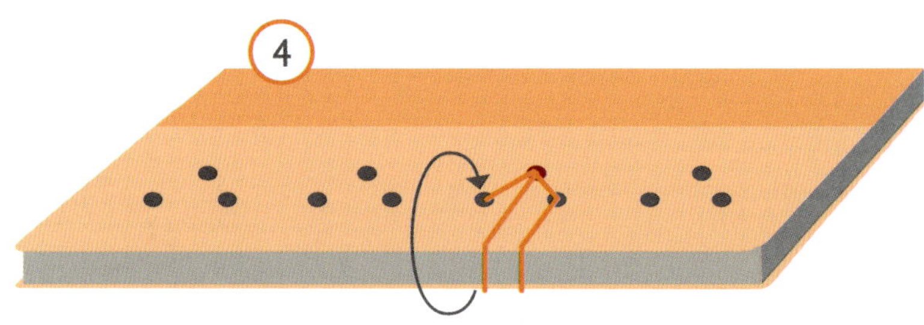

… und legen Sie erneut eine Schlaufe um den Buchrücken. Auf der Arbeitsrückseite kehren Sie zurück zum Start-Loch.

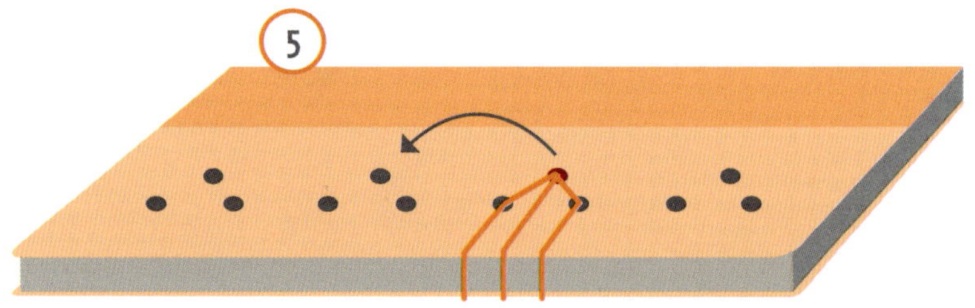

Gehen Sie nach links zum nächsten Segment. Diese Schritte wiederholen Sie, bis alle Segmente erfasst sind.

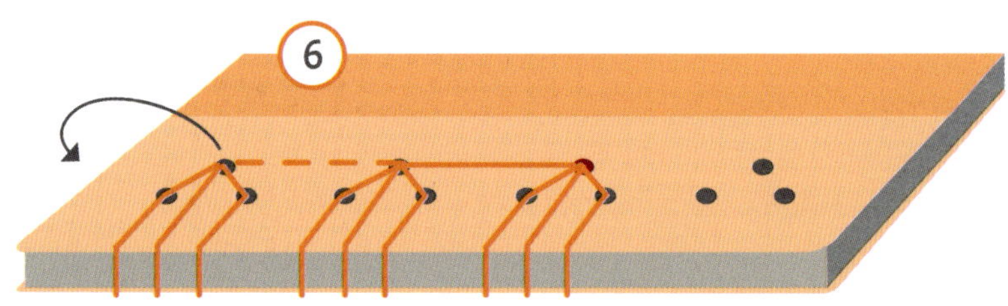

Binden Sie eine Schlaufe um die Buchseite.

** kikkou: Schildkrötenpanzer; die Schildkröte gilt als Symbol für langes Leben und Wohlstand, wer wünscht sich das nicht?*

** toji: Bindung*

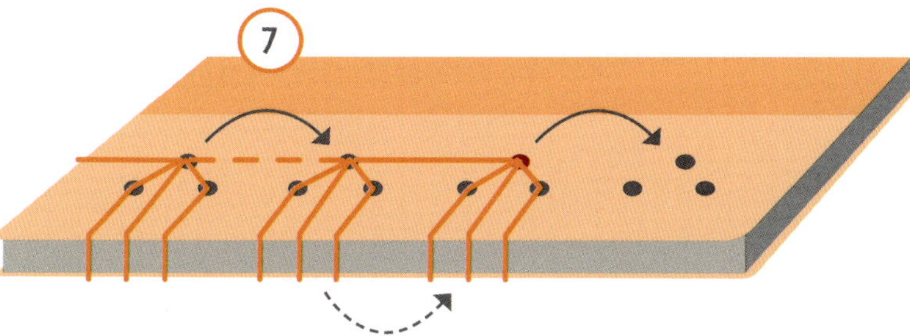

Der Rückweg zum Rechts-Außen-Loch.

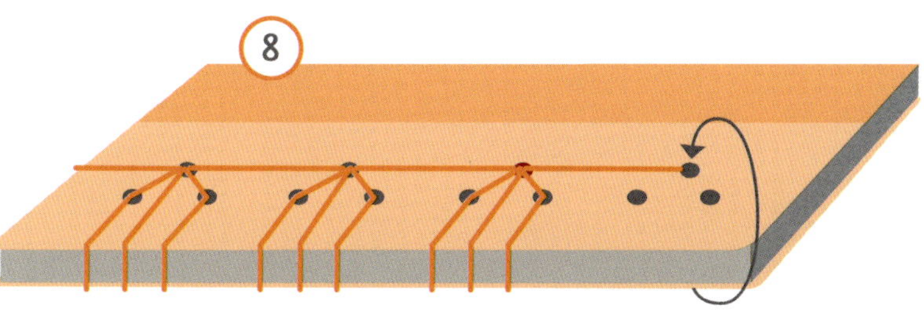

Binden Sie wieder eine Schlaufe um den Buchrücken.

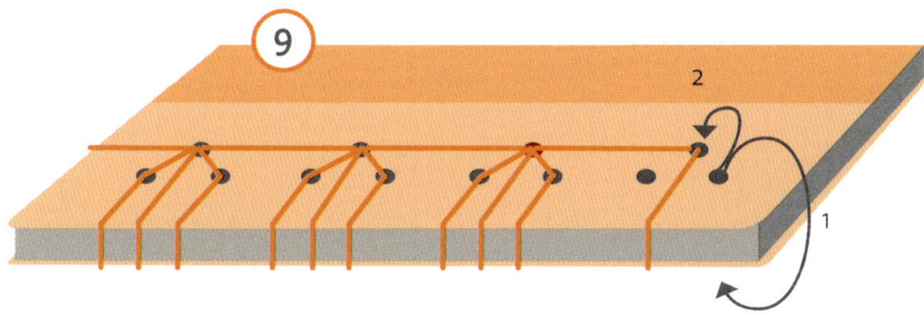

Auf diese Weise immer weiterarbeiten …

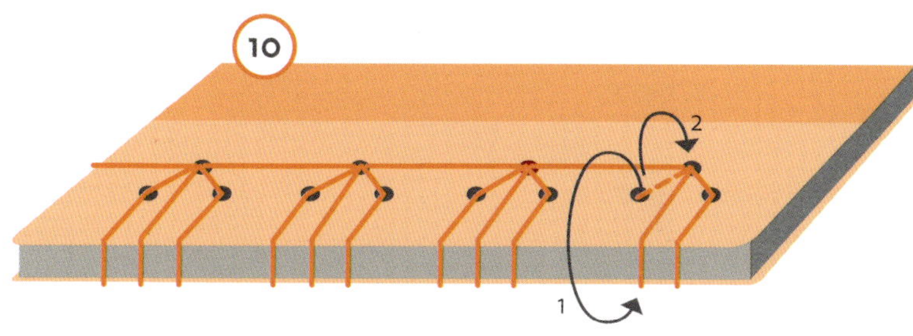

… und das Segment wie zuvor fertigen.

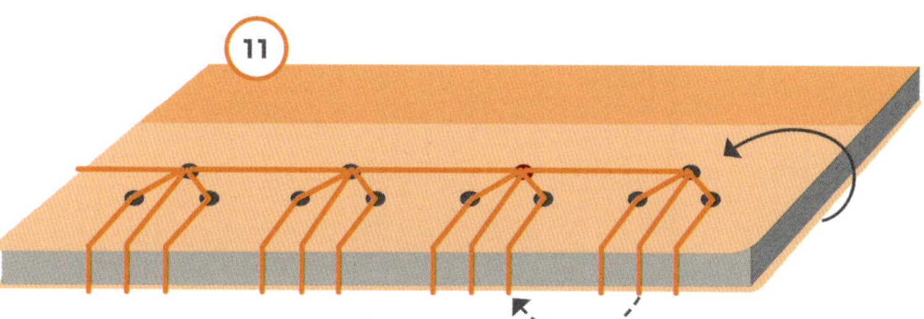

Binden Sie eine Schlaufe um die Buchseite. Auf der Buchvorderseite (= rückwärtige Arbeitsseite) gelangen Sie zum Start-Loch zurück.

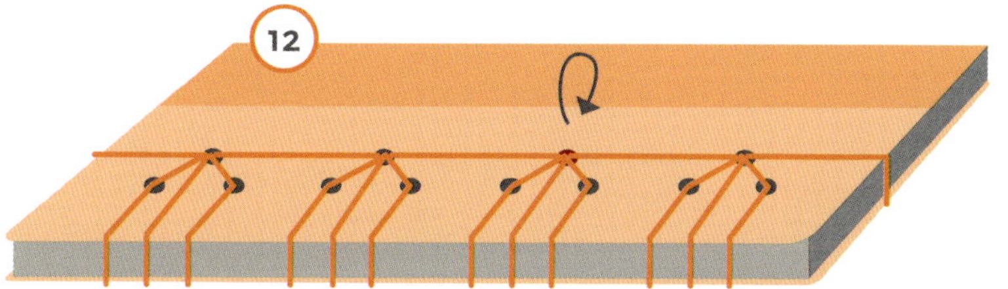

Den Faden durch das Start-Loch zur Buchrückseite (= Arbeitsseite) fädeln. Den Knoten fertigen und durch das Start-Loch auf die Buch-vorderseite (= rückwärtige Arbeitsseite) ziehen. Der Knoten verschwindet nun im Loch (siehe Seite 66).

TIPP: Liegen die Einzelsegmente so dicht beieinander wie bei *Hishi seigaiha* auf Seite 103, verkürzt sich der Ablauf. Binden Sie so, dass sich keine doppelten Wege ergeben, weil eine Wegstrecke bereits gebunden ist. Die Segmente liegen dicht beieinander wie beim Zickzack-Muster.

Seigaiha* – Wellenmuster

Das Wellenmuster wird Ihnen in Japan in allen nur erdenklichen Situationen begegnen: breite Streifen, schmale Streifen, in Dreierreihen oder mehr, Variationen über Variationen.
Für ein Buch mit diesem Cover haben Sie natürlich die Qual der Wahl. Für welche Farbe entscheiden Sie sich?
Die Farbkombination mit türkisfarbenen Wellen auf rotem Papier flimmert heftig vor den Augen ...
In Japan verbindet man dieses Muster mit der Lebensweisheit, dass es sowohl gute als auch schlechte Zeiten gibt – Ebbe und Flut, auf und ab.

** seigaiha: Welle*

Bindung: Schildkrötenpanzer-Bindung (siehe Seite 92)
Schablone: siehe unten, Download
Stickvorlage: siehe Seite 196, Download
Fadenlänge: 7,5 x Buchhöhe

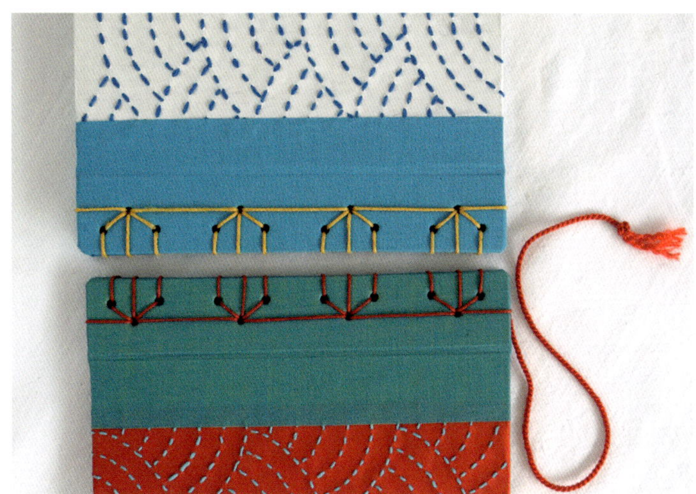

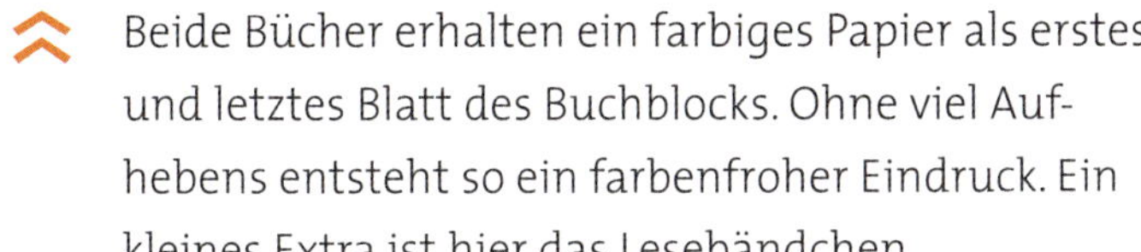

Beide Bücher erhalten ein farbiges Papier als erstes und letztes Blatt des Buchblocks. Ohne viel Aufhebens entsteht so ein farbenfroher Eindruck. Ein kleines Extra ist hier das Lesebändchen.

Die Bindung ist klassisch im Schildkrötenpanzer-Muster mit *Kumihimo*-Band gefertigt.

TIPP: Um ein Lesebändchen anzubringen, gehen Sie so vor: Bevor Sie die Ecken (linker, oberer Rand, ggf. markieren) komplett umkleben, leimen Sie das Lesebändchen an. Mit dem Vorsatzpapier ist es dann dauerhaft verklebt.

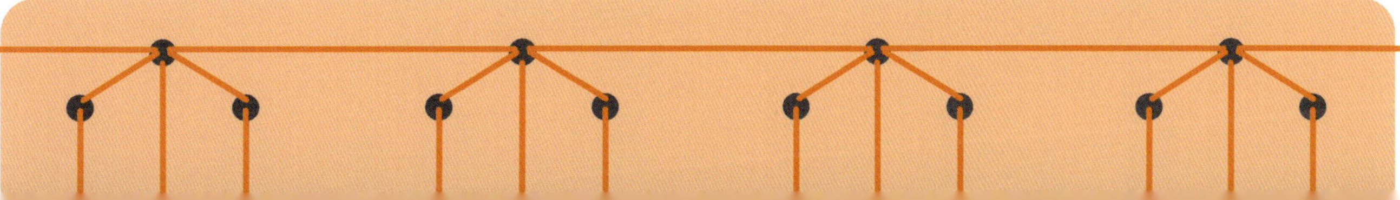

*Ryoanji igaki** – Gartenzaun im Tempel

In der Osthälfte der Tempelanlage *Ryoanji* gibt es einen besonderen Zaun, der einen Fußweg säumt (siehe Seite 142). Mit den sich diagonal kreuzenden Bambusstreben, die an eine Diamantform erinnern, ist er einzigartig. Inspiriert von diesem Zaun entstanden diese zwei Einbände.

** igaki: Zaun um einen heiligen Ort bzw. Schrein*

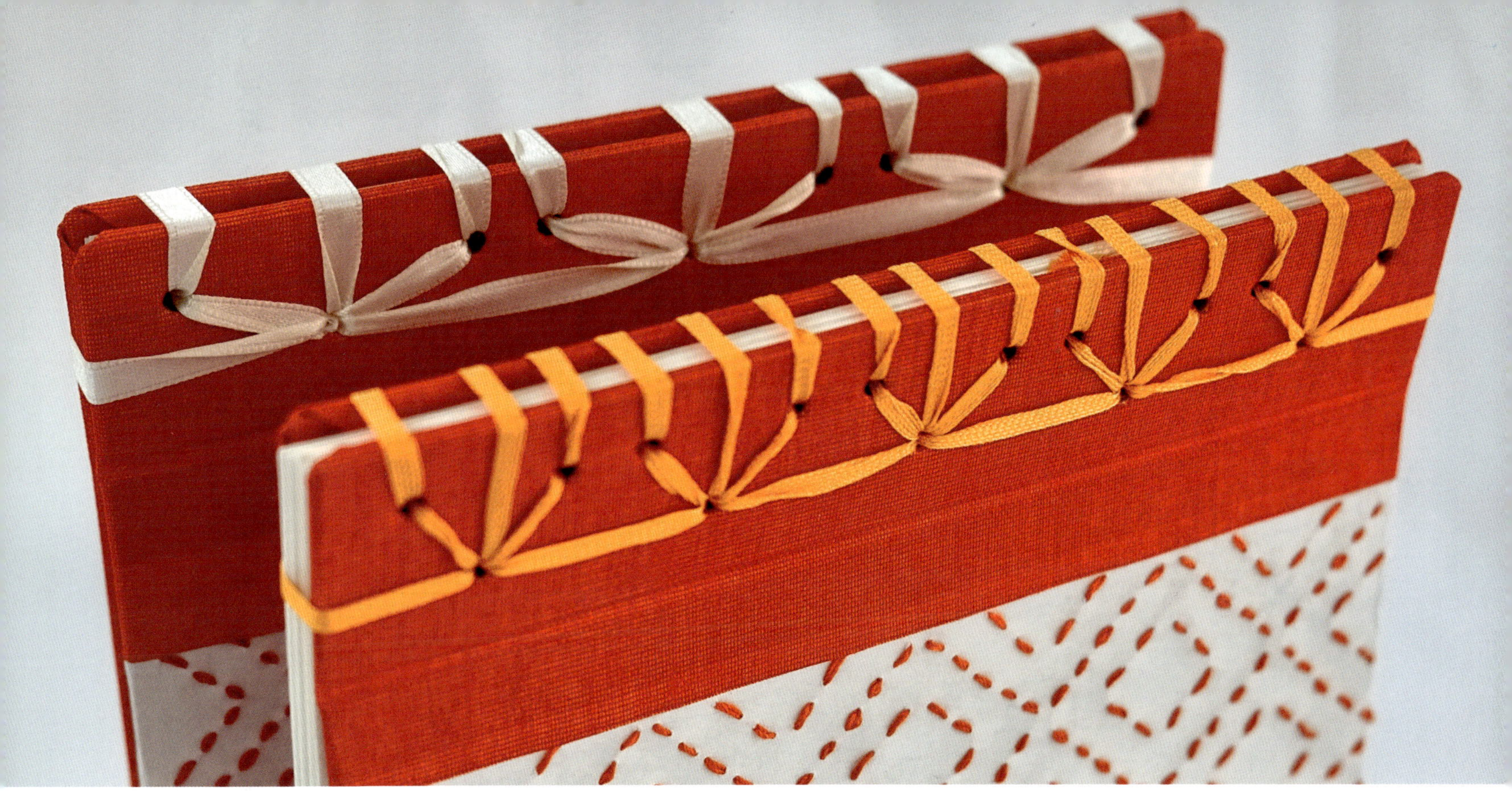

Als Bindung verwende ich hier ein Satinband. Die einzelnen Segmente bilden feine Unterschiede, weshalb es auch zwei Schablonen dafür gibt.

Bindung: Schildkrötenpanzer-Bindung (siehe Seite 92)
Schablone: siehe unten, Download
Stickvorlage: siehe Seite 200, Download
Fadenlänge: 8 x Buchhöhe

TIPP: Das helle Satinband stelle ich mir wunderschön vor für ein Fotoalbum, gefüllt mit den herrlichen Erinnerungsfotos einer Hochzeit.

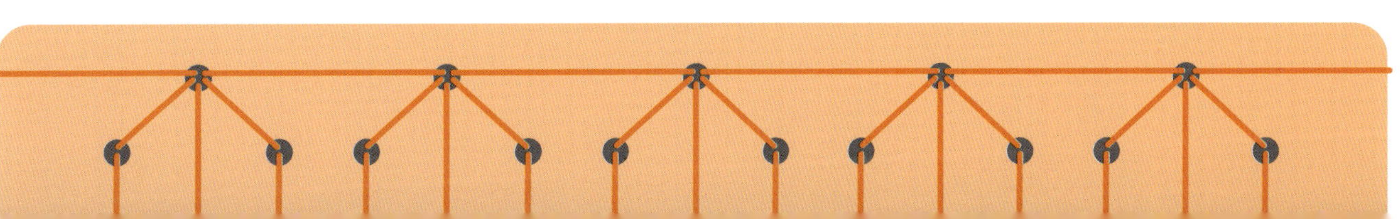

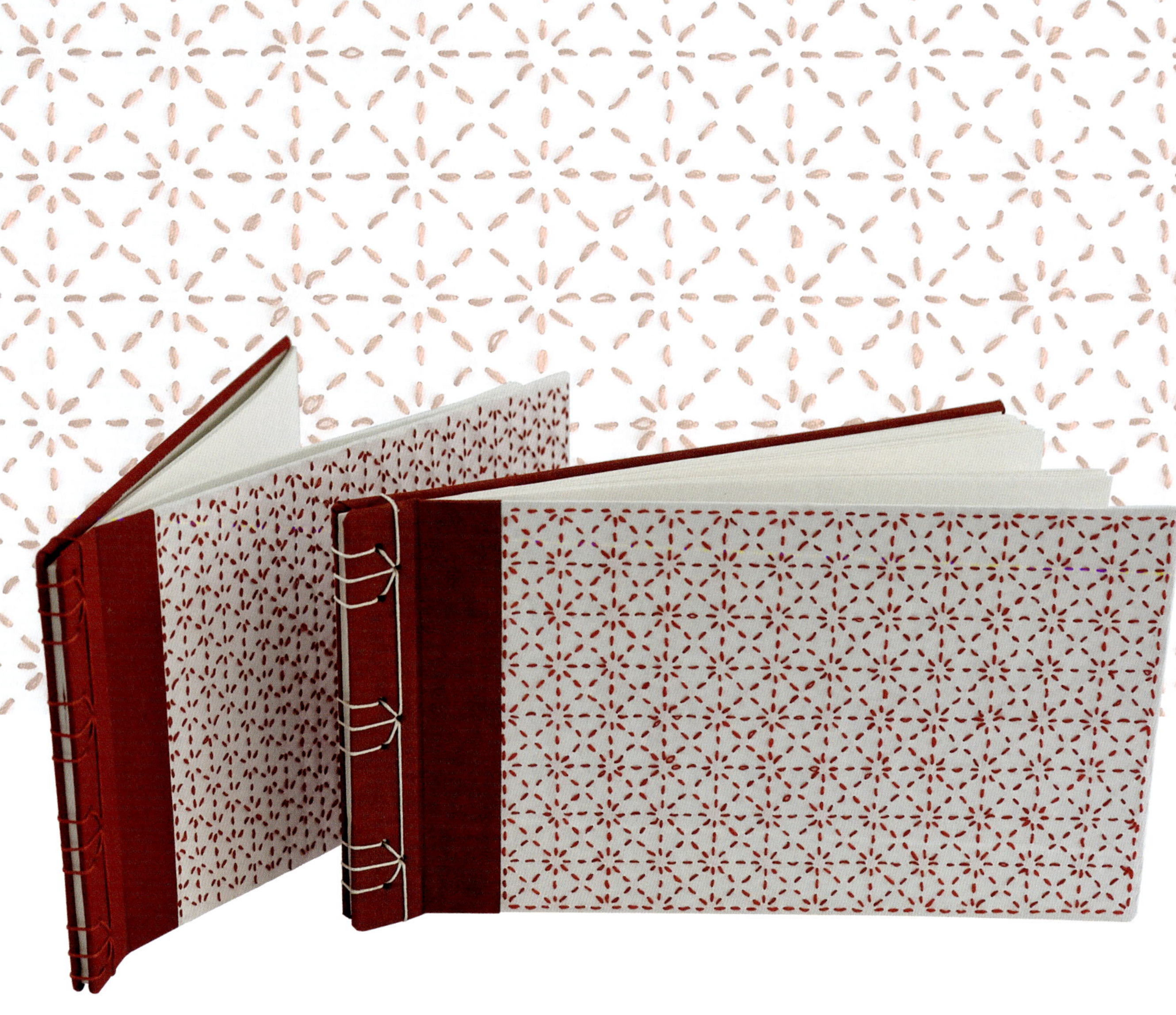

Asa-no-ha* – Hanfblatt-Muster

Aus einer Rauten-Kombination besteht dieses Muster, das aus der japanischen Musterwelt nicht mehr wegzudenken ist.

Ob auf Tellern, Teetassen und Papier – überall ist es anzutreffen. Moderne Architektur, wie der Bahnhof in Kyoto und japanische Tradition inspirierten zu dieser Gestaltung. Bei den Herbstprojekten wird Ihnen das Hanfblatt wieder begegnen, diesmal als Bindung. Subtile Farbspiele geben viele Möglichkeiten, die Bindung bleibt klassisch.

** asa-no-ha: Hanfblatt; Hanfblatt-Muster*

Bindung: Schildkrötenpanzer-Bindung (siehe Seite 92)
Schablone: siehe unten, Download
Stickvorlage: siehe Seite 197 und 199, Download
Fadenlänge: 7,5 x Buchhöhe bei 4 Segmenten
6 x Buchhöhe bei 3 Segmenten

Auch hier gibt es feine Unterschiede bei den Abständen zwischen den Segmenten. Damit haben Sie die Freiheit, diese Bindung unterschiedlichen Buchbreiten anzupassen. Ob drei oder vier Elemente, wählen Sie Ihre Lieblingsbindung. Bei diesen Beispielen werden einmal mehr *Kumihimo*-Bänder verwendet.

Jidouhanbaiki* – Eiswürfelmuster

Dieses Muster ist ein wenig an eine traditionelle Diamantform angelehnt: *kaku-shippou*** oder dem *hishi seigaiha****, der Diamantform der Welle (siehe Seite 102).
Etwas Kühles findet sich immer in Japan. Alle paar Meter gibt es in den belebten Straßen der Großstädte einen Automaten mit verschiedenen Kaltgetränken. Allerdings ohne Eiswürfel – diese lassen sich halt schlecht in einer Büchse oder Flasche aufbewahren. Die abgelösten Etiketten (der Wasserflaschen) zeigen die Beliebtheit des Berges *Fuji san*.
Das Positive für einen heißen Sommer in Japan: In Gaststätten und Restaurants bekommt der Gast überall kostenlos Trinkwasser – extra serviert oder zur Selbstbedienung.

* *jidouhanbaiki: Verkaufsautomat*

** *kaku-shippou: kaku: Quadrat, Würfel; shippou: sieben Schätze*

*** *hishi seigaiha: hishi: Enthaltung, verborgene Geschichte (meine Übersetzung: die Welle, die sich versteckt); hishigata: Rhombus, rhombisch; Diamant-Muster werden in Japan mit Macht und Männlichkeit assoziiert*

TIPP: Sollte es einmal zum Schluss nicht möglich sein, den Knoten durch das Start-Loch nach vorne zu ziehen, gibt es diese Lösung: Kleben Sie mit Leim oder anderem Klebstoff das Fadenende parallel zum bereits gebundenen Garn. Hier z. B. war das Gummiband aus dem 100-Yen-Geschäft einfach zu dick ...

Bindung: Schildkrötenpanzer-Bindung (siehe Seite 92)
Schablone: siehe unten, Download
Stickvorlage: siehe Seite 201, Download
Fadenlänge: 6 x Buchhöhe

Von vorne gesehen ist diese Bindung einfach, schlicht und ruhig.

Farbige Bereicherung: Auch bei diesem Projekt werden farbige Papiere als erste und letzte Seite des Buchblocks eingelegt. Hier können Sie den Titel für Ihr Buch hinschreiben. Ein zusätzliches Plus ist der farbige Buchschnitt am Rücken (siehe Seite 28). So wird aus diesem Buch eine kühle, blaue Harmonie.

HYAKU EN SHOPPU

Die 100-Yen-Geschäfte sind eine echte Fundgrube. Sie entsprechen in etwa den hiesigen Ein-Euro-Läden, sind aber meiner Meinung nach mit hochwertigeren Produkten bestückt. Ein vergnügliches Erlebnis ist das Stöbern dort allemal. Ob Süßigkeiten, Küchenutensilien, Bürobedarf, Werkzeuge, Toiletten- und Kosmetikartikel und natürlich Materialien zum Handarbeiten – das Vergnügen ist auf Ihrer Seite.

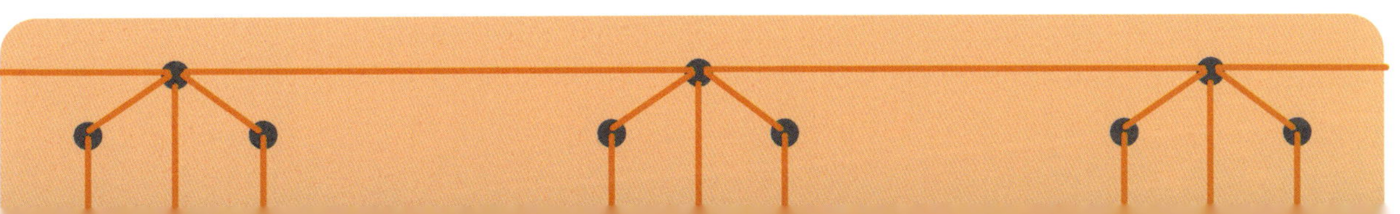

*Hishi seigaiha** – Diamantform der Welle

Sogar eine Sim-Karte für Touristen ist so hübsch verpackt, dass ich dieses Leporello unbedingt aufheben musste. Natürlich: Fuji san sowie Kraniche, Kirschblüte, Pfingstrosen und vieles mehr sind abgebildet ... Eben alles, was man spontan oder automatisch mit Japan in Verbindung bringt, ist hier auf einem Bild versammelt.

** hishi seigaiha: Diamantform der Welle; eine tradierte Mustervorlage in der Sashiko-Stickerei*

Bindung: Schildkrötenpanzer-Bindung (siehe Seite 92)
Schablone: siehe unten, Download
Stickvorlage: siehe Seite 202, Download
Fadenlänge: 9 x Buchhöhe

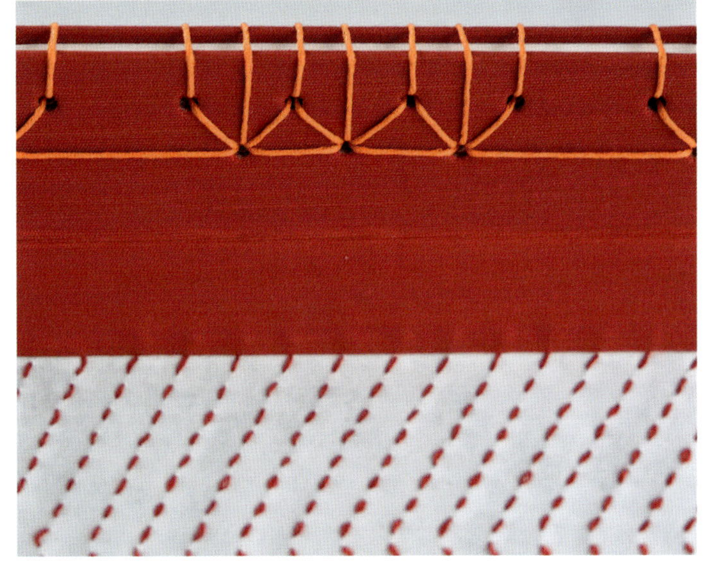

›› Das leicht zu stickende Muster komplettiert die Bindung. Die Kombination der klassischen Bindung mit einer kleinen Veränderung (drei Segmente sind dicht zueinander gelegt) ist mit einer *Kumihimo*-Schnur gebunden.

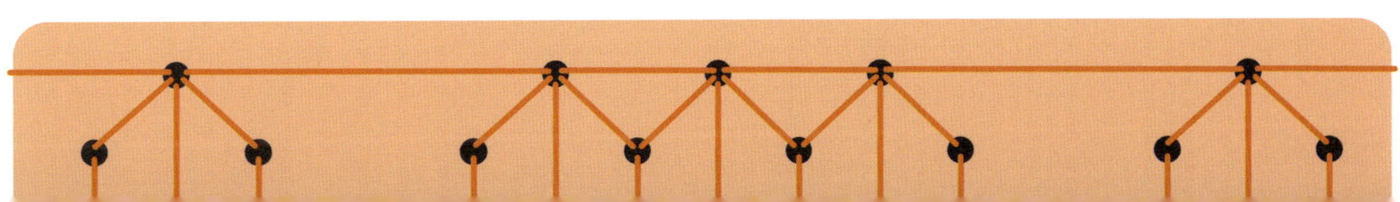

Shippou – Sieben Schätze*

Das *Shippou*-Muster besteht aus sich verschränkenden, unendlich fortzuführenden Kreisen und findet sich in verschiedenen Kulturen. Es reicht zurück bis in vorchristliche Zeit. Im japanischen Kontext repräsentiert es die Sieben Schätze der buddhistischen Sutras, die mit sieben wertvollen Materialien assoziiert sind. Zu den Sieben Schätzen zählen in Asien Gold, Silber, Lapislazuli, Achat, Perlen (Riesenvenusmuschel), Korallen und Karneol. Als Stickvorlage oder als Muster für einen Kimono hat *Shippou* eine lange Tradition, die bis in die Nara-Zeit (710 bis 794 n. Chr.) zurückreicht.

** shippou – Sieben Schätze*

Bindung: Schildkrötenpanzer-Bindung (siehe Seite 92)
Schablone: siehe unten, Download
Stickvorlage: siehe Seite 198, Download
Fadenlänge: 8,5 x Buchhöhe

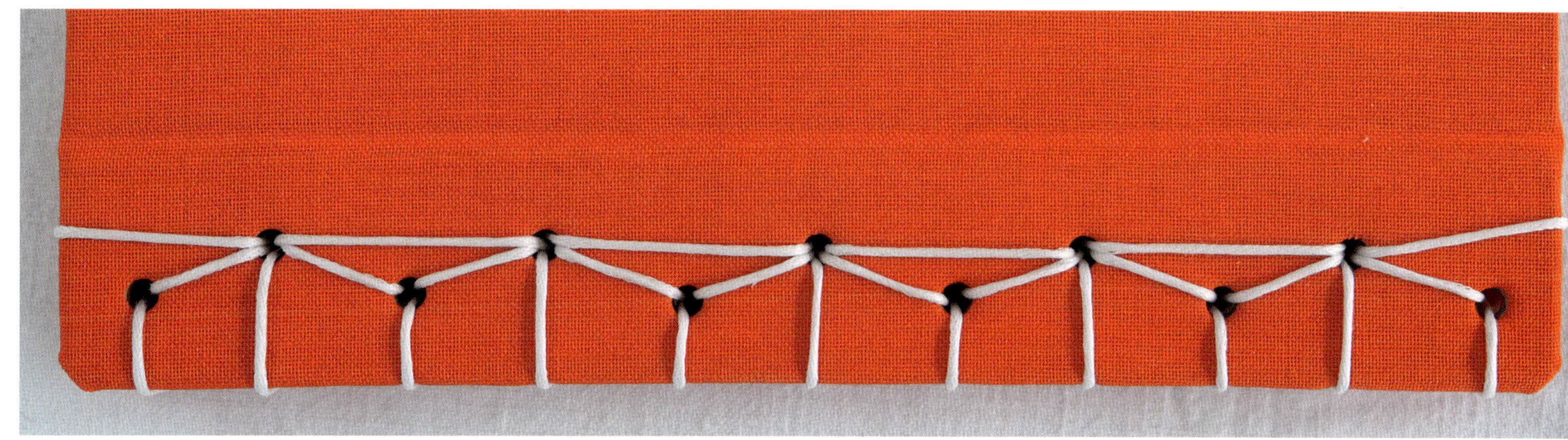

Diese Bindung hat eine Besonderheit: Die einzelnen Elemente liegen sehr dicht beieinander.

Ich verwende dieses klassische Muster als Stickvorlage in leuchtendem Orangerot in der Kombination mit erfrischendem Weiß.

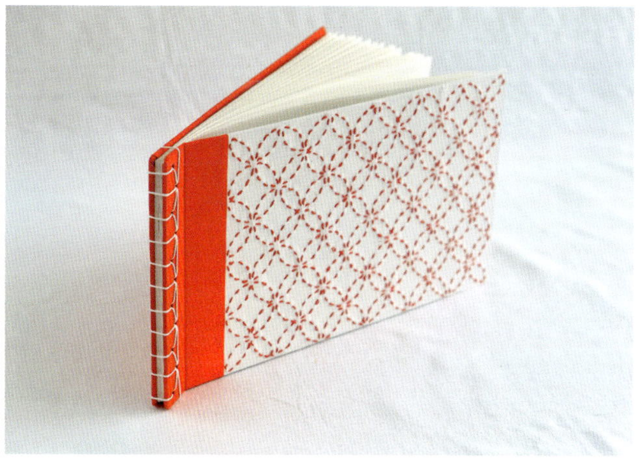

Wird Ihr Buch auch zu einem Schatz? Welche Geheimnisse werden Sie ihm anvertrauen? Profaner wäre es natürlich, hier eine Sammlung von Origami-Anleitungen zu verstecken …

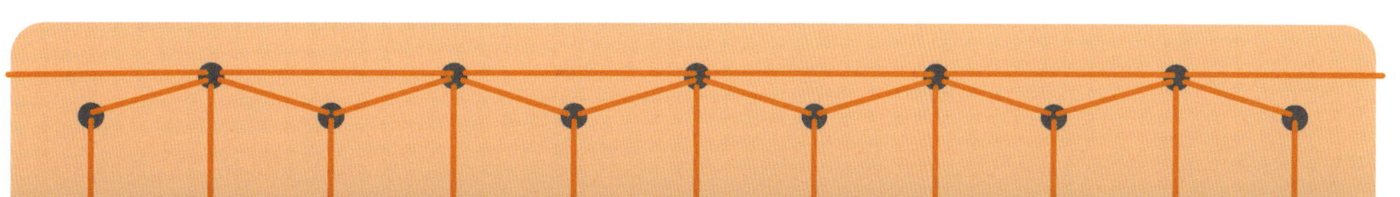

Fushimi-Inari-Taisha

Der *Fushimi-Inari-Taisha* ist der Haupttempel des *Inari*-Glaubens und gehört zur Shinto-Religion. Leicht erkennt man die Shinto-Anlagen an der Farbe Orange und der Form der *torii*, mit zwei Querbalken auf zwei Pfosten (seihe Seite 87).

Die über 10.000 *torii* und die vielen Fuchsstatuen machen den *Fushimi-Inari-Taisha* berühmt. Der hier verehrte Reisgott manifestiert sich auch in Füchsen (*kitsune*). Hier wird der Fuchs als Gott des Reises und der Fruchtbarkeit verehrt.

Bindung: Schildkrötenpanzer-Bindung (siehe Seite 92)
Schablone: siehe Seite 109, Download
Stickvorlage: siehe Seite 203, Download
Fadenlänge: 8,5 x Buchhöhe

Als Besonderheit wird bei diesem Projekt das gestickte Papier als Vorsatzpapier verwendet. Das simple Muster entstand in Anlehnung an den Zaun des *Fushimi-Inari-Taisha*. Die grafische Struktur besticht durch Klarheit und Einfachheit und ist zudem einfach zu sticken.

« Gesticktes Vorsatzpapier: Nachdem Sie alle losen Fäden der Stickerei mit einem Klebestift fixiert haben, können Sie das Papier knappkantig abschneiden, ohne die Stickerei zu beschädigen. Nun wird die Größe von dem gestickten Papier zum Leitfaden und gibt alle weiteren Maße vor. Für die Größe der Bucheinband-Pappen messen Sie zuerst das Vorsatzpapier aus und rechnen an drei Seiten gut 0,5 cm hinzu. Zusätzlich berechnen Sie den benötigten Platz für Bindung und Gelenk und addieren dieses Maß zur Pappen-Breite (siehe Seite 43). Alle Zutaten schneiden Sie in der bewährten Art zu und fertigen die Einbände aus dem Buchleinen. Als Vorsatzpapier benutzen Sie das gestickte Papier, das selbstverständlich zweimal vorliegt.

Die Bindung ist „ausgedehnt“, d. h. zwischen zwei Elementen im Schildkrötenpanzer-Muster legen Sie eine Strecke fest, die Ihr Buch benötigt. Damit sind Sie flexibel gerüstet für alle eventuellen Buchbreiten und Höhen. Als Band für die Bindung ist hier der doppelte Faden eines Stickgarns verwendet. Das Stickgarn hat zusätzlich einen goldfarbenen Metallfaden, passend zum gestickten Kreis auf der Buch-Vorderseite.

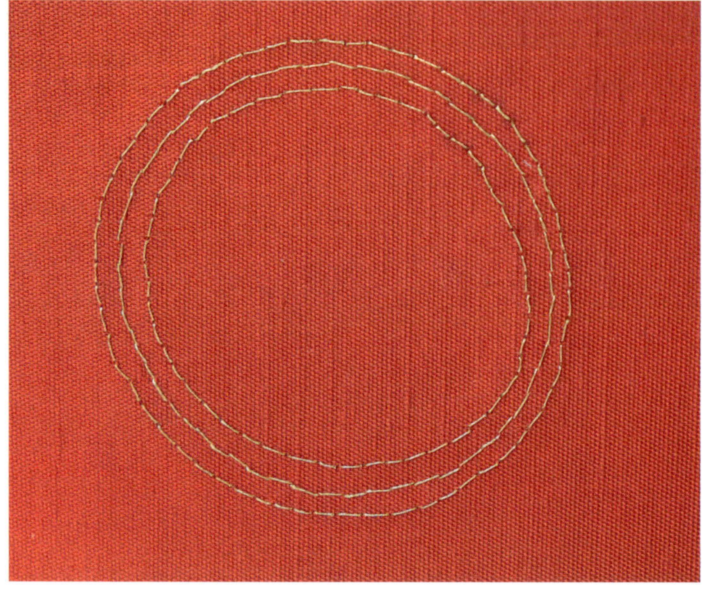

Der Einband: So ein schlichter Einband lässt sich hervorragend verschönern. Der Kreis, *enso**, wird direkt mit einem Metallfaden oder einem anderen Garn Ihrer Wahl auf das Buchleinen gestickt.

** enso: runde Form, Kreis, Mandala, im Zen die Erleuchtung symbolisierende Form, runder heiliger Platz.*

Ein Zentrum ermitteln Sie so: Messen Sie den Einband aus und teilen Sie gedanklich den gewünschten Bereich für Bindung und Gelenk ab. Die verbleibende Fläche teilen Sie sich ein und legen von Ecke zu Ecke mit einem Faden eine diagonale Hilfslinie, welche Sie provisorisch festkleben. Dort, wo sich die Linien kreuzen, ist das Zentrum.

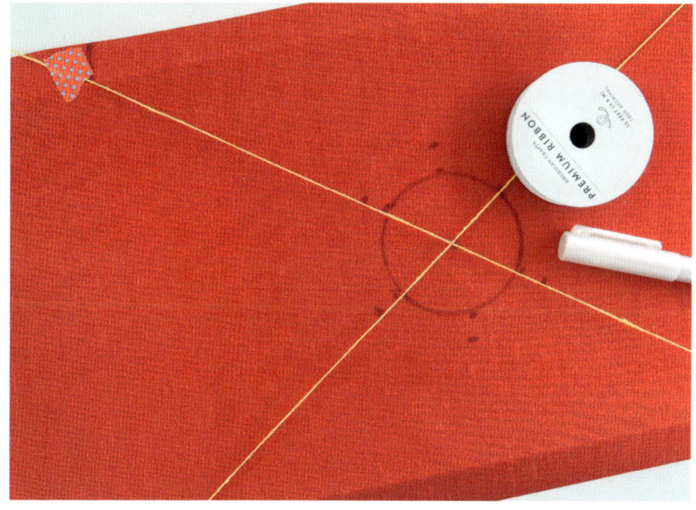

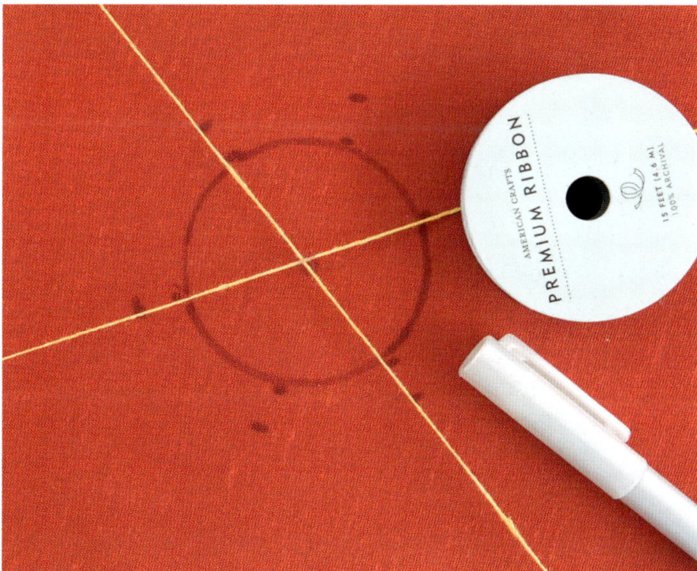

Hier können Sie Ihr Motiv treffsicher platzieren. Ob Sie an dieser Stelle mit einem dekorativen Stempel das Buch verschönern oder eine Stickerei anbringen – die Entscheidung fällt sicher schwer ... Mit einem „Magic Marker" eingezeichnete Linien verschwinden von ganz alleine. Das verzeiht jeden Fehler bei der Planung.

秋

INSPIRATION
HERBST

Zur Einstimmung

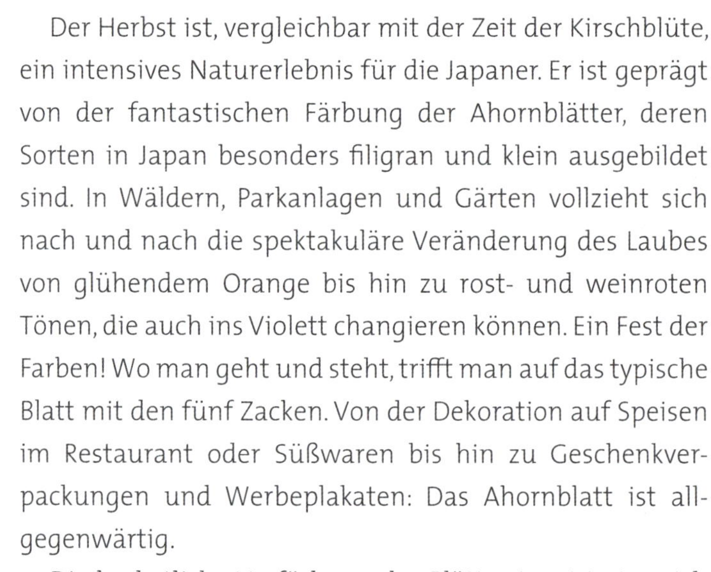

Der Herbst ist, vergleichbar mit der Zeit der Kirschblüte, ein intensives Naturerlebnis für die Japaner. Er ist geprägt von der fantastischen Färbung der Ahornblätter, deren Sorten in Japan besonders filigran und klein ausgebildet sind. In Wäldern, Parkanlagen und Gärten vollzieht sich nach und nach die spektakuläre Veränderung des Laubes von glühendem Orange bis hin zu rost- und weinroten Tönen, die auch ins Violett changieren können. Ein Fest der Farben! Wo man geht und steht, trifft man auf das typische Blatt mit den fünf Zacken. Von der Dekoration auf Speisen im Restaurant oder Süßwaren bis hin zu Geschenkverpackungen und Werbeplakaten: Das Ahornblatt ist allgegenwärtig.

Die herbstliche Verfärbung der Blätter inspirierte mich zur Farbauswahl und Gestaltung der Projekte in diesem Kapitel! Mit den intensiv glühenden Farbtönen, die vom Gelb über Orange bis zum dunklen Rot harmonisch zusammenklingen, stelle ich Ihnen die *Shibori**-Technik vor. *Orizome*** nennt man diese Technik, wenn sie mit Papier ausgeführt wird.

Die Muster ähneln dem Sommer, denn auch hier finden sich Gitterstrukturen und Dreiecksformen wieder – je nachdem, wie das Papier gefaltet wird. Ob es die klassischen Schiebetüren *shoji* sind oder Räume, die mit Tatami-Matten ausgelegt sind, der rechte Winkel begleitet das alte und moderne Japan. Durch bestimmte Faltungen des Japan-Papiers ergeben sich wie von selbst die rechteckigen, klassischen Muster, die beim Färben von Stoff oder Fäden *itajime* genannt werden: Durch das Abpressen zwischen Brettern, wie ein Sandwich, werden die Teile in Farbe getaucht. Die exponierten Stellen werden von der Farbe erreicht, die abgedeckten Partien bleiben ausgespart, also reserviert, weil dort keine Farbe hingelangt. Diese Färbe-Technik geht zurück auf das China und Japan des 6. bis 9. Jahrhunderts und ist wohl älter als *suminagashi* (siehe Seite 146).

Die dem Shibori entlehnte Technik vermittelt viel Freude zu experimentieren und zu probieren. Neben dieser einzigartigen Möglichkeit zur Einbandgestaltung lernen Sie zudem eine neue Bindung kennen: die Hanfblatt-Bindung. Mit der etwas zackigen Anmutung passt sie formal gut zu den Blättern des Ahorn.

* *shibori: Blende, Schnürbatik; shiboru: auswringen, ausdrücken; shiborizome: Schnürbatik*

** *orizome: wörtlich: gefaltete Färbung; ori: falten (wie bei origami); zome: zum ersten Mal, aber auch färben*

Material

für die Einbandpapiere

+ Kalligrafie-Papier, anderes saugfähiges Japan-Papier
+ Aquarellfarben und Pinsel, ggf. Pipetten
+ Tuschen und Tinten zum Probieren, Pipetten oder Pinsel
+ Sprühflasche für Wasser, Wasser im Behälter
+ Fixativ
+ Unterlage und Platz zum Trocknen

zum Binden der Bücher

+ Graupappen für feste Einbände
+ Buchleinen für feste Einbände
+ Vorsatzpapier für feste Einbände
+ Buchbinderleim, Falzbein
+ Papier für den Buchblock
+ passendes Garn für die Bindung
+ Schere, Revolverlochzange oder Papierbohrer mit Holzbrett
+ Bleistift, eventuell „Magic Marker“
+ Lineal oder Geodreieck
+ Schablone für die Bindung

Shibori und *orizome* – Färben

Sicher kennen Sie *shibori* bereits mit Stoff? Ältere Leserinnen und Leser (ebenso wie ich) erinnern sich vielleicht gerne an die handgefärbten T-Shirts aus der Jugendzeit?

Diese Technik ist auch mit Papier möglich – und wird dann *orizome* genannt. Zwar kann nicht alles mit dem empfindlicheren Papier umgesetzt werden, dennoch ist es überraschend, wie viele Möglichkeiten sich ableiten lassen. Es macht viel Spaß, das Papier wieder zu entfalten und die Überraschung zu genießen. Denn es ist ziemlich unwahrscheinlich, eine solche Technik komplett zu kontrollieren, jedes Blatt wird ein Unikat.

Aquarellfarbe und *Washi*-Papier

Tusche und *Washi*-Papier

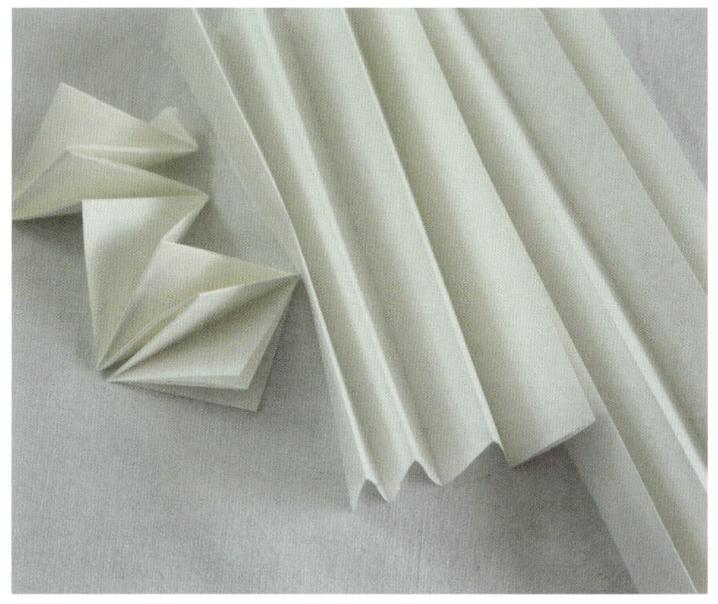

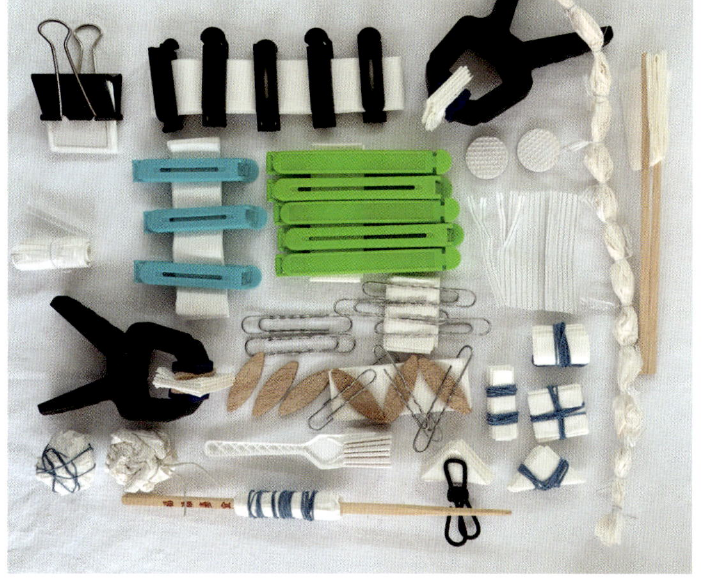

Hier eine kleine, hoffentlich inspirierende Auswahl der Hilfsmittel.

Das Prinzip ist einfach: Durch symmetrisches Falten, Abbinden und Zusammenpressen von Material werden einige Partien geschützt, also reserviert, und können dadurch die Farbe nicht aufsaugen. Sie bleiben weiß bzw. in der Ursprungsfarbe.

Zuerst das *Washi*-Papier falten. Die gefalteten Streifen nochmals zu rechteckig oder dreieckigen Päckchen falten und mit Gummibändern oder alternativen Hilfsmitteln zusammenhalten.

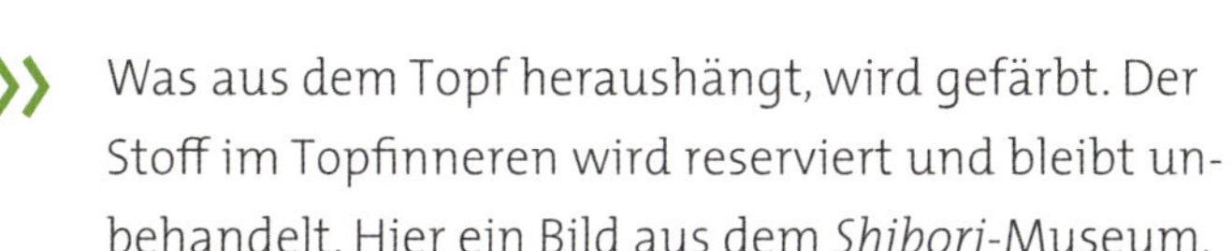

Was aus dem Topf heraushängt, wird gefärbt. Der Stoff im Topfinneren wird reserviert und bleibt unbehandelt. Hier ein Bild aus dem *Shibori*-Museum.

Die exponierten Partien werden mit Farbe beträufelt (mit Pinsel oder Pipette), wodurch sanfte, feine Farbverläufe entstehen.

Oder Sie tauchen das Papier direkt in Farbe, es saugt sich bis zu den abgebundenen Stellen voll. Dieser Prozess bewirkt stärkere und intensivere Farben.

Tusche mit guten Pigmenten wird zusätzlich mit Wasser verdünnt: Einfach mit einer Sprühflasche Wasser aufsprühen oder mit einem Wasserpinsel zusätzlich Wasser auftropfen. Aquarellfarbe bleibt zurückhaltender in der Farbintensität. Eine Plastikunterlage unterzulegen ist in jedem Fall eine gute Idee.

Nach dem Färben die Faltungen etwas antrocknen lassen, um sie dann vorsichtig zu entfalten, bevor sie möglicherweise zusammenkleben. Danach die Papiere komplett trocknen lassen, eventuell sogar glatt bügeln, wenn Sie dies möchten.

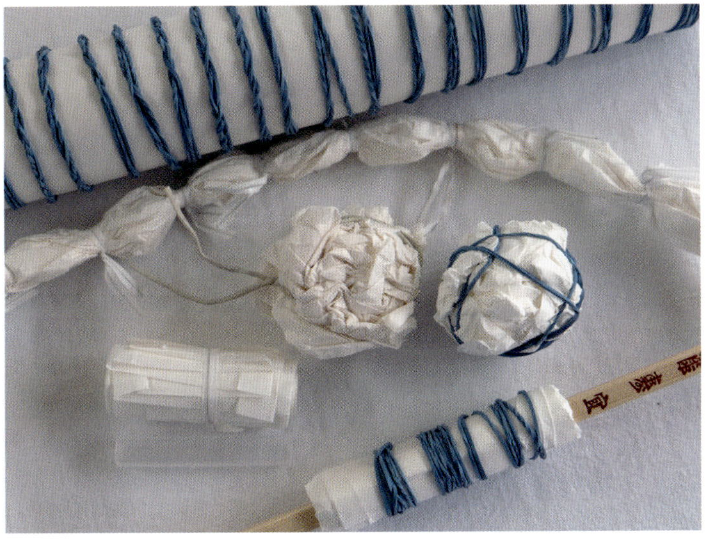

Verwendung finden nicht nur „seriöse“ Werkzeuge, sondern auch zweckentfremdete Hilfsmittel: Clips und Plastikstreifen zum Verschließen von Gefriergut, Sushi-Stäbchen, Plastikgabel, Gummibänder, Lamellendübel und verschiedene Klammern.

TIPP: Auch ganze Papierlagen lassen sich einfärben und können als beschreibbare „Landschaften“ in ein Buch gebunden werden. Lassen Sie sich inspirieren und finden Sie zusätzliche Möglichkeiten. Eine unabsehbare Farbenpracht ist Ihre Belohnung (siehe Seite 29 „Das Buch zum Träumen“).

Asa-no-ha toji* – die Hanfblatt-Bindung

Die Bindung und ihre Variationen basieren auf dem klassischen Vorbild eines geometrischen Musters, das auch bei der *Sashiko*-Technik gerne gestickt wird (siehe Seite 98).

Basierend auf der Stab-Bindung, die Sie zunächst wie bekannt binden, entsteht das Hanfblatt-Muster erst im zweiten Binde-Durchgang. Nach Belieben fertigen Sie das Buch mit oder ohne *Kangxi*-Ecken (siehe Seite 67).

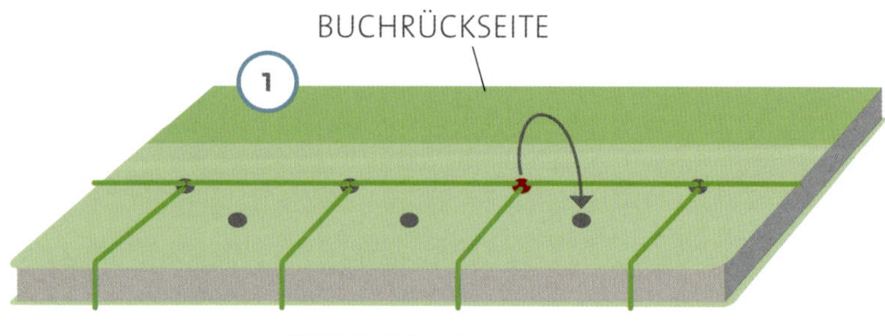

Vollendet ist die Stab-Bindung, erst danach folgt die Hanfblatt-Bindung.

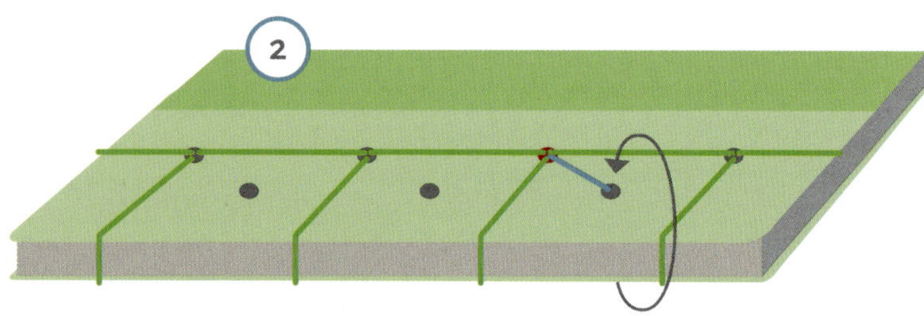

Das erste Segment wird vollständig gebunden. Gehen Sie vom Start-Loch nach rechts zum Loch in der unteren Reihe. Legen Sie eine Schlaufe um den Buchrücken ...

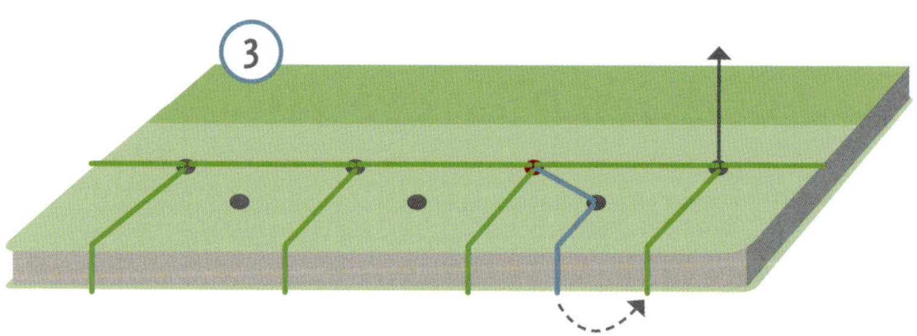

... dann zurück in das Loch und nach rechts oben gehen.

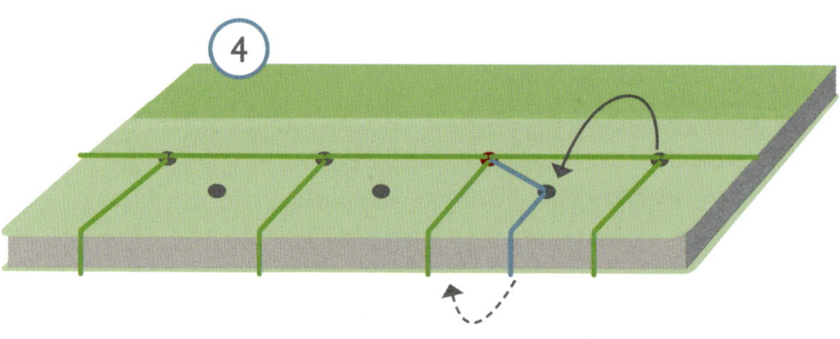

Über das untere Loch zurück und auf der Rückseite zum Start-Loch gehen. Das erste Segment ist fertig.

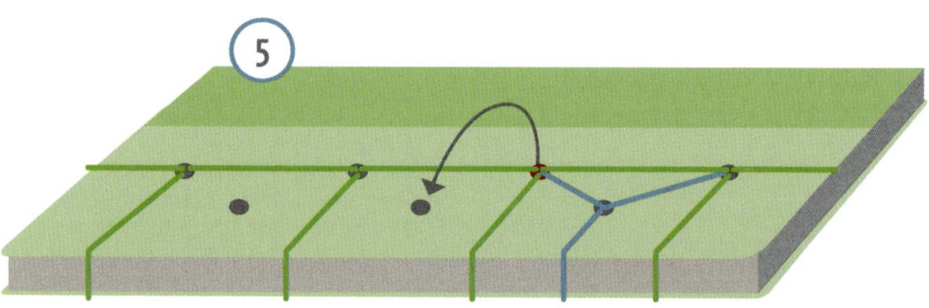

Ab hier wiederholt sich das Schema, jedoch vorerst immer nur die Hälfte binden.

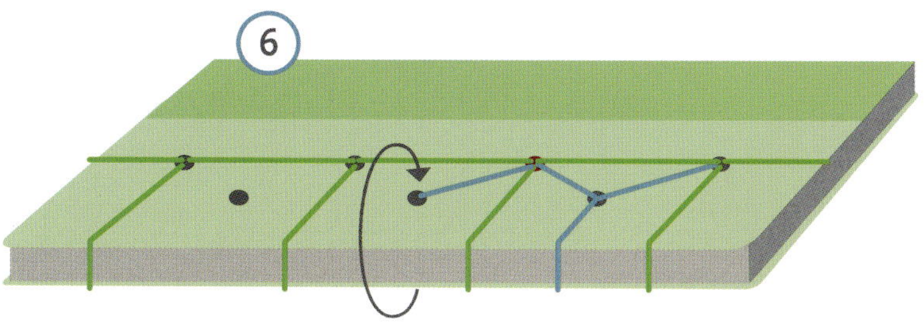

Die Schlaufe um den Buchrücken legen …

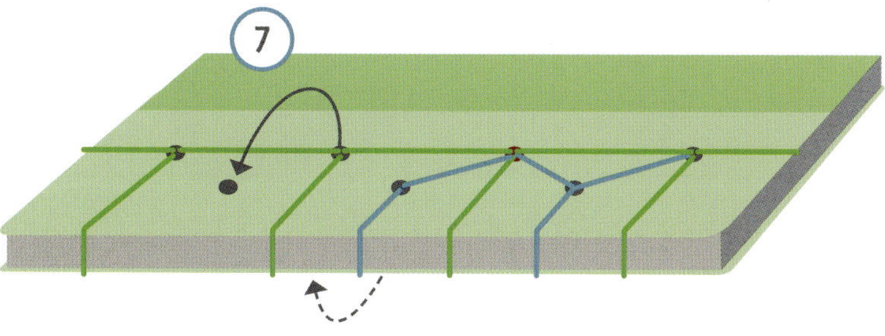

… und weiter über das Loch der oberen Reihe, auf der rückwärtigen Seite wird sich das Muster der Bindung komplettieren.

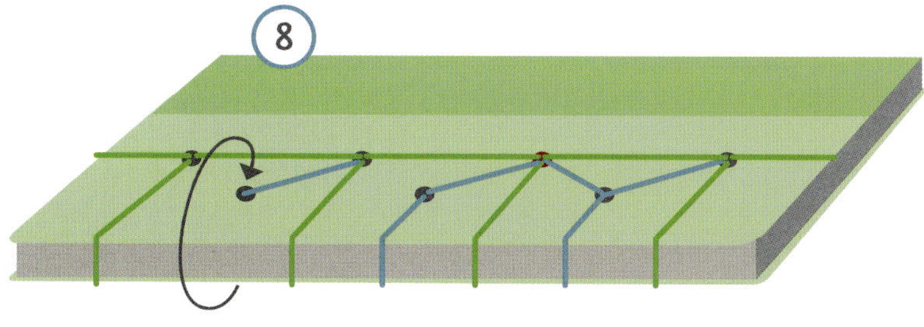

Wiederholung.

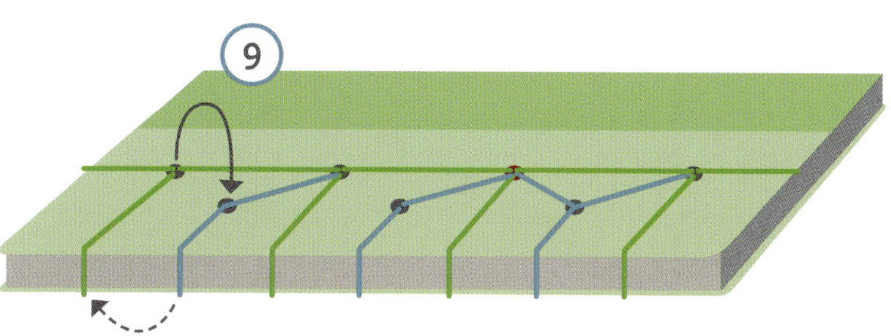

Ab dem letzten Loch der oberen Reihe das Muster vervollständigen.

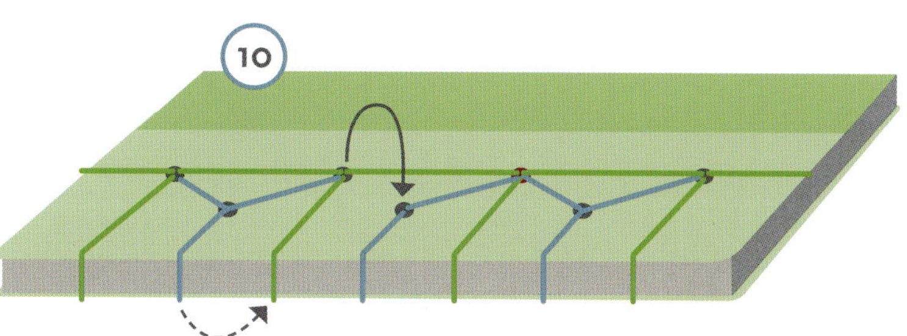

Das Muster vervollständigen.

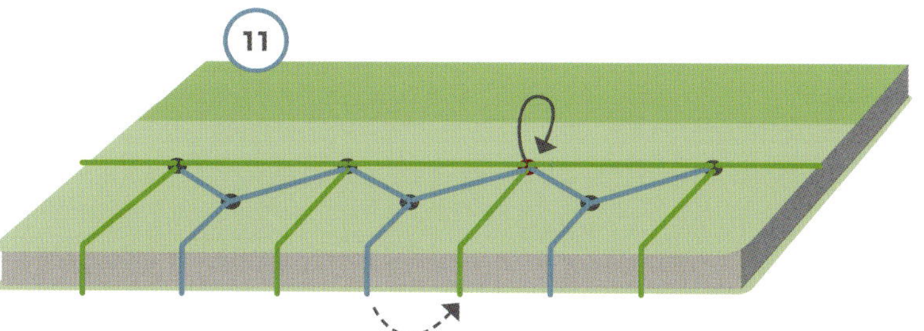

Von der Buchvorderseite (=rückwärtige Arbeitsseite) gelangen Sie zum Start-Loch zurück. Den Faden durch das Loch auf die Buchrückseite (=Arbeitsseite) fädeln. Den Knoten fertigen und durch das Start-Loch auf die Buchvorderseite (=rückwärtige Arbeitsseite) ziehen. Der Knoten verschwindet nun im Loch (siehe Seite 66). Den Faden abschneiden.

Sukurappubukku* – Scrapbook

Die Besonderheit bei diesem Projekt ist das fantasievolle Lumbecken (siehe Seite 31). Das Buch ist in DIN A3 gefertigt und bietet daher viel Platz. Es kann als Fotoalbum genutzt werden oder als Scrapbook, da der Buchblock aus einem festen Papier gefertigt ist (Tonpapier, ca. 150 bis 200 g/qm). Am Rücken wird das verwendete Papier im Wechsel mit farbigen Tonpapierstreifen („Distanzstreifen") verklebt. Dadurch, dass hier eine feste Klebeverbindung die Seiten zusammenhält, erübrigt sich eine weitere Fixierung des Buchblocks. Zwischen den Lagen entsteht genügend Platz in der Höhe, sodass sich später Ihr Buch nicht unnötig aufsperrt. Hier können Sie nach Lust und Laune Urlaubserinnerungen, gepresste Blüten oder Ihre persönliche Kochrezeptsammlung hineinkleben.

Bindung: Hanfblatt-Bindung (siehe Seite 120)
Schablone: siehe unten, Download
Fadenlänge: 11 x Buchhöhe

Der Einband bleibt neutral und sowohl Vorder- als auch Rückseite sind mit Buchleinen bezogen. Dafür ist das Vorsatzpapier umso farbenfreudiger in der *Orizome*-Technik gestaltetet. Ein schlichtes Etikett ziert die Vorderseite.

TIPP: Da in diesem Fall der Buchblock am Buchrücken verklebt ist, beginnt die Bindung direkt unterhalb des rückwärtigen Einbands. Das Fadenende wird auch dort hineingeschoben.
Wie sich eine Hanfblatt-Bindung der Buchgröße anpassen lässt, finden Sie auf Seite 38.

** sukurappubukku: japanisch für scrapbook (Sammelalbum, Album); viele englische Ausdrücke werden lautmalerisch ins Japanische übertragen und dann in katakana geschrieben, wie alle Wörter ausländischen Ursprungs; der aufgeklebte Schriftzug ist von mir in katakana geschrieben.*

Kaede* – Ahorn im Herbst

Diese Herbstblätter habe ich in Japan vor Ort gepresst und aufbewahrt. Sogar nach drei Jahren zeigen sie noch ihre Leuchtkraft – erstaunlich, nicht wahr?

** kaede: Ahorn*

Bei dem Bucheinband ist das kaschierte Papier über das Leinen geklebt.

TIPP: Die Papierkanten zum Leinen hin habe ich mit einem Schmirgelpapier aufgeraut. So entsteht ein geschmeidiger Übergang zwischen den Materialien. Denn ein gerissenes Papier hat einfach eine andere Wirkung als geschnittenes.

Die Hanfblatt-Bindung selbst wird klassisch ausgeführt.

Das Garn für die Bindung greift den Grünton in dem gefärbten Papier auf, es ist das in vielen Farben erhältliche *Kumihimo*-Band.

Schön zu erkennen sind die *Kangxi*-Ecken der Hanfblatt-Bindung.

Bindung: Hanfblatt-Bindung (siehe Seite 120)
Schablone: siehe unten, Download
Fadenlänge: 8 x Buchhöhe

Shoji* – mit rechten Winkeln

Obwohl sich die Technik wiederholt, bringt ein neues Farbspiel sofort ein anderes Ergebnis mit einer veränderten Anmutung!

* *shoji: japanische, papierbezogene Schiebetüre*

** *moku: Holz; hanga: Holzschnitt, Linolschnitt, Kupferstich, Steindruck, Druck*

Bindung: Hanfblatt-Bindung **(siehe Seite 120)**
Schablone: siehe unten, Download
Fadenlänge: 8 x Buchhöhe

Unschwer erkennen Sie, dass das Farbspektrum der Postkarte in leuchtenden Herbstfarben mit der Materialauswahl für dieses Kapitel harmoniert. Beim japanischen Holzschnitt wird für jede Farbe eine neue Holzplatte geschnitten. Durch die besondere Passmarke auf dem Holzstock, die *Kento*-Marke, kann immer exakt und mehrfach übereinander auf demselben Papier gedruckt werden. Mit den wasserlöslichen Farben zum Drucken entstehen besonders sanfte Farbnuancen.

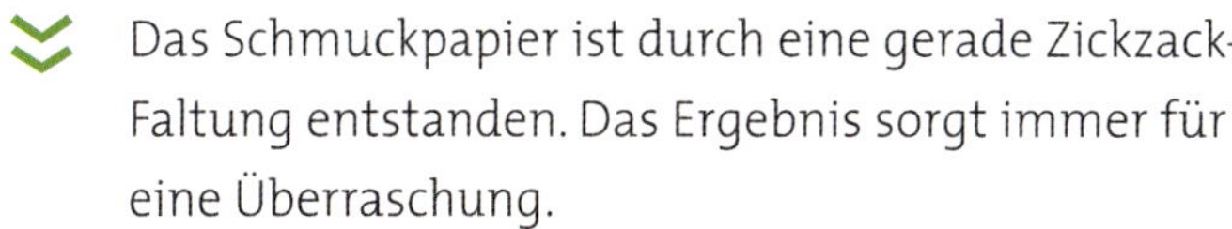

Das Schmuckpapier ist durch eine gerade Zickzack-Faltung entstanden. Das Ergebnis sorgt immer für eine Überraschung.

TIPP: An jedem Buchdeckel können Sie einen Stifthalter anbringen. So sind Sie gut für spontane Einfälle vorbereitet und mit dem passenden Schreibwerkzeug gerüstet.

Die Bindung ist Ihnen schon vertraut – klassisch mit *Kangxi*-Ecken und *Kumihimo*-Schnur.

Kanpuu* – ein Farbspektakel

Ein kräftiger Farbklang schmückt dieses Buch. Es erinnert, mit der Karte als Inspiration, an Weinblätter, die auch unseren europäischen Herbst zu einem Farbenfest werden lassen. Wie im Frühling die Betrachtung der Kirschblüte einem Volksfest gleicht, wird auch die Zeit des sich verfärbenden Herbstlaubs zelebriert.

** kanpuu: Betrachten des Herbstlaubs*

» Immer wieder gerne genommen: die *Kangxi*-Ecken!

» Das Papier wurde hier wieder gefaltet und gefärbt. Bitte probieren Sie aus, wie unterschiedlich die Ergebnisse ausfallen – je nachdem, ob Sie die Faltung von der langen oder kurzen Papierseite beginnen. Diese Bindung ist im Ansatz die klassische Hanfblatt-Bindung. Praktischerweise kann hier die mittlere, gerade Strecke einem individuellen Buchformat angepasst werden. Somit ergibt sich die Möglichkeit, die dekorative Bindung individuell und flexibel einzusetzen.

Bindung: Hanfblatt-Bindung (siehe Seite 120)
Schablone: siehe unten, Download
Fadenlänge: 8 x Buchhöhe

*Ranma** – Kuddelmuddel

Variationen bereichern das Leben – und bringen vielleicht auch ein wenig Chaos? Die Bindung hat keine geregelte Logik, sondern ist ein „Kuddelmuddel" aus unregelmäßigen Abständen in der Hanfblatt-Bindung, *Kangxi*-Ecken und meiner Fantasie.

Das Papiermuster entstand durch Abpressen mit einem runden, festen Gegenstand – in diesem Fall mit kreisrunden Klebepunkten aus Gummi.

** ranma: Kuddelmuddel*

Die Bindung ist eine rhythmische Fantasiebindung, sie kombiniert Hanfblatt- mit der Stab-Bindung und gibt dem Buch seinen Titel.

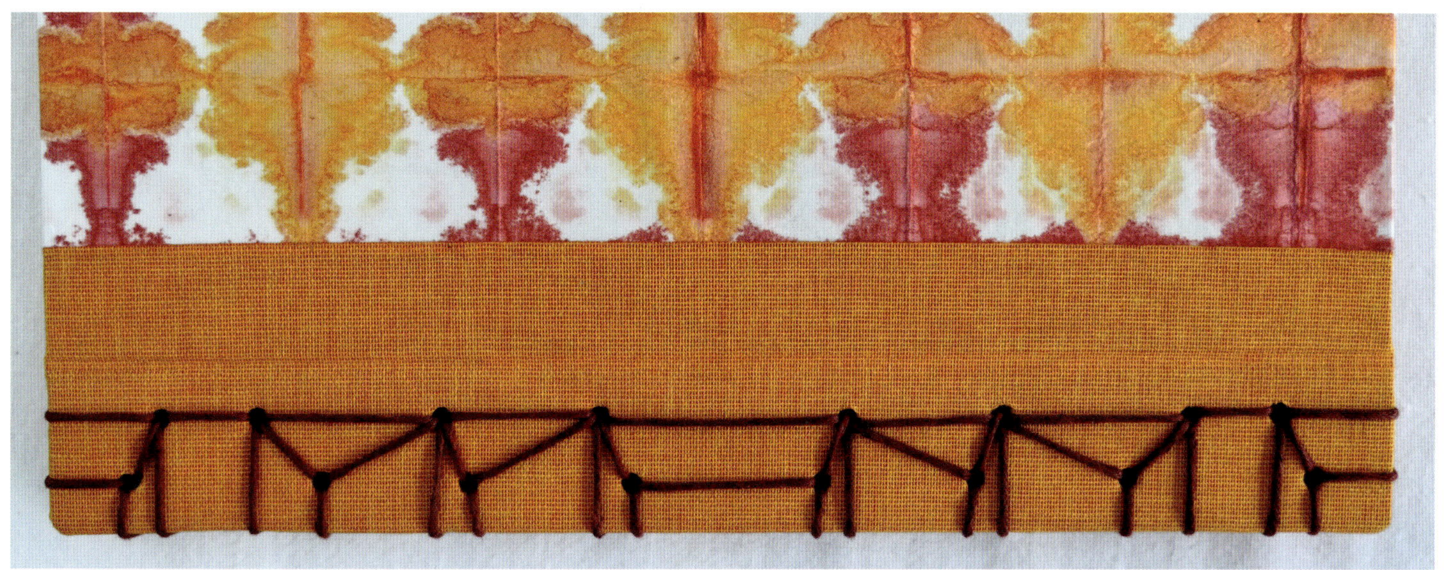

Zur Abwechslung ist wieder eine farbige Seite mit dem Buchblock eingebunden. Die Farben des rückwärtigen, unifarbenen Buchleinen und des Musters auf der Vorderseite werden somit harmonisch vereint.

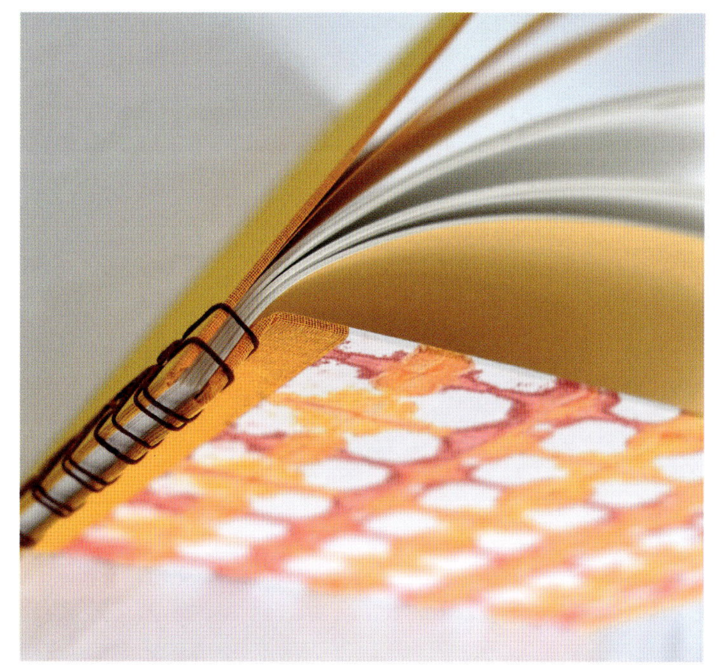

Bindung: Hanfblatt-Bindung (siehe Seite 120)
Schablone: siehe unten, Download
Fadenlänge: 10 x Buchhöhe

Die grüne Linie entspricht der Stab-Bindung, die orangene Linie der Hanfblatt-Bindung.

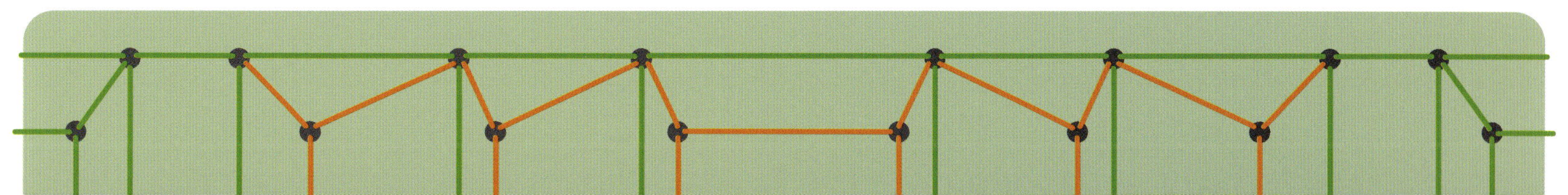

*Machiya** – Kaufmannshaus

Aus diesem eng gefalteten Papier ergab sich ein Muster, das sehr an die Türen und Holzfassaden traditioneller japanischer Häuser erinnert, die *Machiya* heißen.
Das Covermuster repräsentiert die ausgewogene Architektur von wunderschönen Vorderseiten alter Häuser, die häufig auch noch mit einem kleinen, begrünten Innengarten geschmückt sind. Häufig bilden diese *Machiya* eine Einheit von Wohnen und Werkstatt. Auch in einer Mega-City wie Tokio finden sich solche Gebäude immer noch in kleineren Seitenstraßen.

** machiya: Kaufmannshaus, Stadthaus*

Das dunkle Burgunder-Rot für das Leinen harmoniert wunderbar mit dem Grün der *Kumihimo*-Schnur, da die Farbkombination auf einem Komplementärkontrast beruht.

Die Gitterstruktur der Bindung (einfache Stab-Bindung mit einem Hanfblatt-Segment) und die Struktur des Einbandpapiers bilden eine harmonische Einheit.

Auch von der Rückseite betrachtet, macht diese Bindung auf dem unifarbenen Buchleinen einen guten Eindruck.

Bindung: Hanfblatt-Bindung (siehe Seite 120)
Schablone: siehe unten, Download
Fadenlänge: 8 x Buchhöhe

*Malebranche** – Törtchenparadies

Die Konditorei *Malebranche* verwendet natürlich Ahornblätter zur Verzierung, wenn man im Herbst dort einkaufen geht. Diese Blätter kleben nun in meinem Reisetagebuch.
Können Sie sich vorstellen, dass ein Lebensmittel perfekt ist? Die Gebäcke, Kuchen und andere Süßwaren aus der Konditorei *Malebranche* sind es! Ein solches Gebäck zu essen macht glücklich und zaubert ein Lächeln auf jedes Gesicht.

** Malebranche: Konditorei in Kyoto mit Suchtpotential*

Bindung: Hanfblatt-Bindung (siehe Seite 120)
Schablone: siehe unten, Download
Fadenlänge: 7 x Buchhöhe

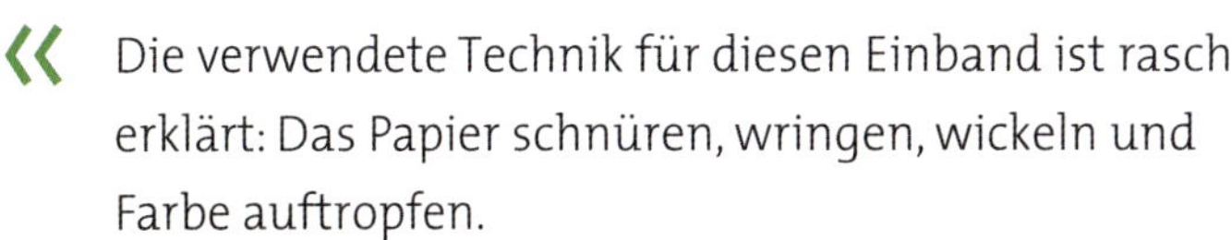

« Die verwendete Technik für diesen Einband ist rasch erklärt: Das Papier schnüren, wringen, wickeln und Farbe auftropfen.

^ So unterschiedlich auf den ersten Blick diese beiden Bücher ausschauen – sie verbindet die gleiche Bindung. Schön zu wissen, dass mit jeder neuen Farbkombination und mit jedem Papier ein Unikat entsteht.

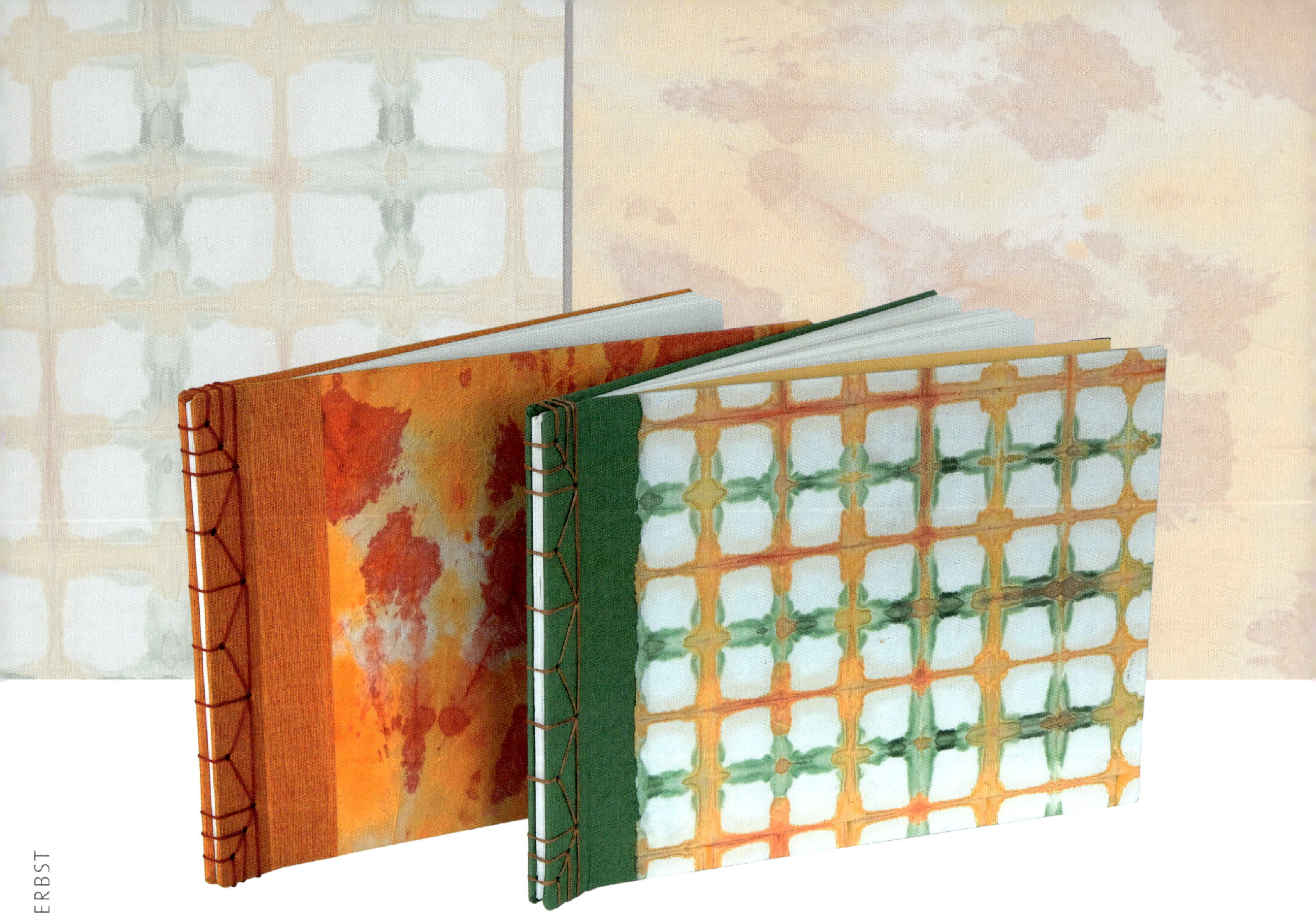

Kappuru – oder a couple

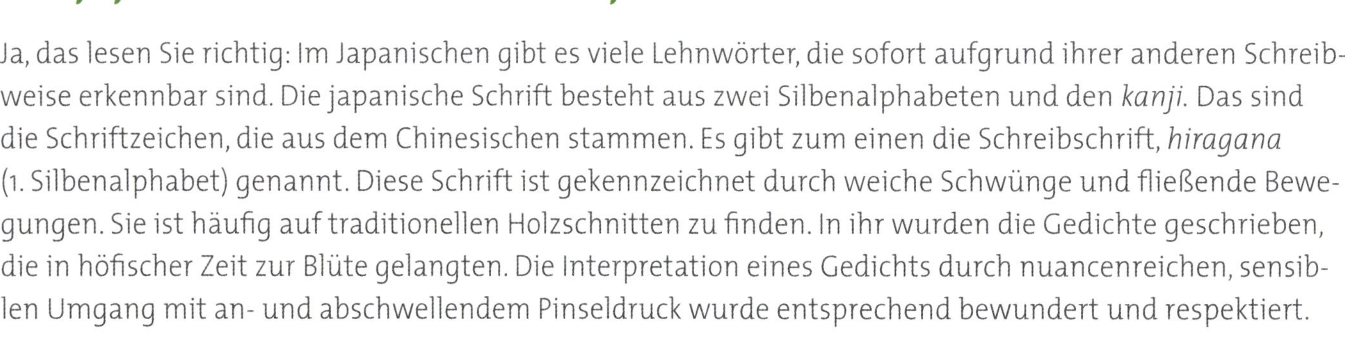

Ja, das lesen Sie richtig: Im Japanischen gibt es viele Lehnwörter, die sofort aufgrund ihrer anderen Schreibweise erkennbar sind. Die japanische Schrift besteht aus zwei Silbenalphabeten und den *kanji*. Das sind die Schriftzeichen, die aus dem Chinesischen stammen. Es gibt zum einen die Schreibschrift, *hiragana* (1. Silbenalphabet) genannt. Diese Schrift ist gekennzeichnet durch weiche Schwünge und fließende Bewegungen. Sie ist häufig auf traditionellen Holzschnitten zu finden. In ihr wurden die Gedichte geschrieben, die in höfischer Zeit zur Blüte gelangten. Die Interpretation eines Gedichts durch nuancenreichen, sensiblen Umgang mit an- und abschwellendem Pinseldruck wurde entsprechend bewundert und respektiert.

** kappuru: Paar, Ehepaar*

Bindung: Hanfblatt-Bindung (siehe Seite 120)
Schablone: siehe unten, Download
Fadenlänge: 7,5 x Buchhöhe

Das Wort „Paar" hingegen ist in *katakana* geschrieben, da es aus dem Englischen ins Japanische transferiert wurde. Katakana erkennen Sie an dem etwas kantigeren Aussehen. Im ersten Herbstprojekt (siehe Seite 122) ist das Etikett für Scrapbook in *katakana* (2. Silbenalphabet) geschrieben. Sollten Sie einmal nach Japan kommen, werden Ihnen all diese Schriften begegnen – und zudem *romaji*, also lateinische Buchstaben. Damit können Sie auch die Straßenschilder und die passende Metro-Station entziffern.

Zur Ergänzung kann ein farbiges Deckblatt dem Buchblock zugesellt werden.

Genießen Sie nach dieser kleinen Einführung in die japanische Sprache die ungleichen und doch ähnlichen Bücher – vielleicht die Metapher für eine gelungene Paarbeziehung: ähnlich, aber nicht identisch?

Immer wieder greife ich zum *Kumihimo*-Band, die Auswahl ist so reichhaltig und es findet sich auf wundersame Weise stets die passende Farbe.

Ein Zwirn passt farblich so gut zu den Farbtönen des Einbands, dass er hier doppelt liegend für die Bindung genutzt wird. So findet auch ein vielleicht zu dünnes Garn seine Verwendung.

Ichi, ni, san* – 1, 2, 3

Zählen, so denken wir, ist doch einfach. Leider ist es im Japanischen etwas komplizierter. Menschen werden mit anderen Zahlwörtern gezählt als Äpfel oder Gegenstände. Tja, so ist es mir leider bisher (noch) nicht gelungen, wirklich Japanisch zu sprechen. Bis „drei" zählen klappt glücklicherweise schon.

** ichi, ni, san: eins, zwei, drei*

Die Bindungen unterscheiden sich nur minimal, was dem dekorativen Zugewinn keinen Abbruch tut. Der gerissene Papierabschluss ergänzt das Muster, das aus einem diagonal gefalteten Papier-Leporello entstand.

Gut zu sehen ist die Bindung aus *Kumihimo*-Schnur bei allen drei Modellen.

Eng zusammen geschoben erinnert mich die Bindung an geordnete Reihenhäuser.

Bindung: Hanfblatt-Bindung (siehe Seite 120)
Schablone: siehe unten, Download
Fadenlänge: 10 x Buchhöhe

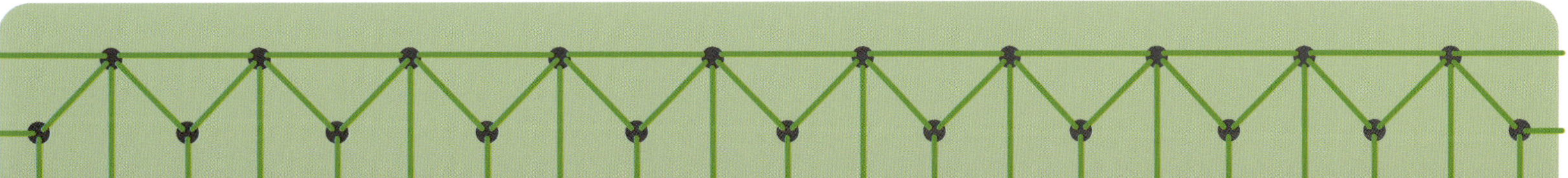

INSPIRATION
WINTER

Zur Einstimmung

Der Winter ist zumeist geprägt von Mangel an Sonne und Licht. Blattlose, kahle Äste, deren feine Strukturen besonders zur Geltung kommen, wenn sie mit Schnee bedeckt sind, erfreuen uns in dieser Jahreszeit. Nun ist uns ein gemütliches, warmes Zuhause willkommener als die karge und kalte Natur außerhalb dieser wohligen Wärme.

Dennoch gibt es keine Chance, sich der Natur zu entziehen. Winter bleibt Winter mit allen Facetten. Das Zurückziehen und Innehalten natürlicher Wachstumsprozesse gehört dazu. Aus dieser Stimmung der Stille heraus mag sich eine ruhige, meditative Haltung entwickeln und zur Gelassenheit eines Zen-Mönchs führen, der sich zum „Retreat“ in die Abgeschiedenheit eines Klosters zurückzieht. Die Dinge entstehen und vergehen, wie es sich, metaphorisch gesagt, mit der *Suminagashi*-Marmoriertechnik verhält: Die verhaltene, unbunte, reduzierte Farbigkeit von Indigo, Grafit und Schwarz passt für meinen Geschmack

hervorragend zu diesem Thema. Das Exquisite und die feine Eleganz treten hierbei besonders hervor. Schwarz als höchste Reduktion ist Abstraktion pur und trennt uns von der vertrauten, farbigen Welt. Die aufwendigen Bindungen sind von mir entwickelt. Die erforderliche Geduld und Achtsamkeit erinnert an die praktizierte Philosophie der Zen-Klöster. Aber auch ein einfaches Buch, mit Buchschrauben zusammengehalten, gehört dazu.

Die Marmoriertechnik heißt in Japan *suminagashi*, übersetzt auch mit *floating ink*, also fließende Tinte. Sie hat eine lange Tradition in Japan und reicht zurück bis ins 12. Jahrhundert. Für Einband- und Vorsatzpapier eingesetzt, steht sie in direkter Verbindung zum Buchbinden. Auch als Untergrund, um Holzschnitte darauf zu drucken, wurde ein solches Papier verwendet. In der Kalligrafie, *shodo*, „dem Weg des Schreibens", kann ein Papier, in *Suminagashi*-Technik vorbereitet, einen zusätzlichen Reiz vermitteln.

Die runden, organischen Formen erinnern an Baumringe und wecken Assoziationen zu Wasserkringeln. Von den sich entfaltenden Kreisen während des Arbeitsprozesses geht eine hypnotische Wirkung aus. Gebannt kann man der unermesslichen Vielfalt seine Aufmerksamkeit schenken, mit der jedes Pinseltupfen das Muster verändert.

Die Herstellung von Tusche in einem traditionellen Betrieb können Sie im Reiseteil nachlesen (siehe Seite 168).

Material

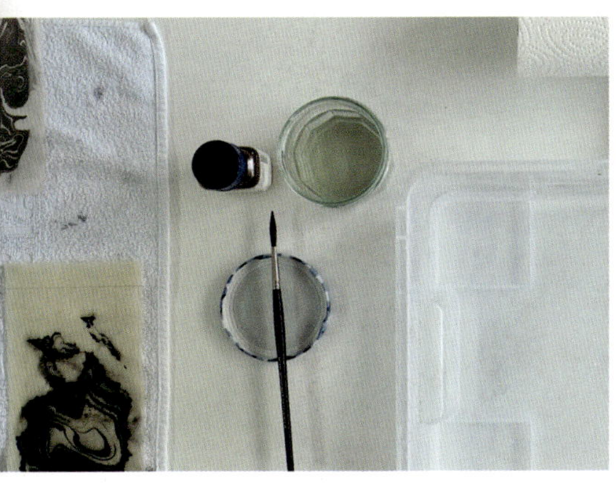

für die Einbandpapiere

- Japan-Papier, Ingres-Papier
- Papiere zum Probieren sowie Inkjet-Fotopapier
- Tusche wie für *Sumi-E*-Tuschbilder
- flüssige Ochsengalle, Spülmittel
- leere Gefäße in Größe der Papiere
- Aquarellpinsel, chinesische Tuschpinsel
- Fixativ
- Unterlage und Platz zum Trocknen

zum Binden der Bücher

- Graupappen für feste Einbände
- Buchleinen für feste Einbände
- Vorsatzpapier für feste Einbände
- Buchbinderleim, Falzbein
- Papier für den Buchblock
- passendes Garn für die Bindung
- Schere, Revolverlochzange oder Papierbohrer mit Holzbrett
- Bleistift, eventuell „Magic Marker“
- Lineal oder Geodreieck
- Schablone für die Bindung

Suminagashi – Marmorieren

Es werden mindestens zwei Pinsel mit feiner Spitze benutzt. Der eine Pinsel wird in die Tusche getaucht (eventuell die Tusche mit etwas Wasser verdünnen), der andere in eine Wasser-/Ochsengalle-Mischung bzw. Wasser-/Spülmittel-Mischung (ein paar Tropfen Ochsengalle oder Spülmittel reichen). In einem flachen Gefäß befindet sich sauberes Leitungswasser, ungefähr 10 bis 15 cm hoch. Die Pinselspitzen berühren nun abwechselnd die Wasseroberfläche, einmal der Tusche-Pinsel, anschließend der zweite Pinsel mit Ochsengalle oder Spülmittel. Wichtig dabei ist, den Pinsel senkrecht zu halten und mit der Pinselspitze nur so eben das Wasser zu berühren. Wird die Spitze zu tief unter die Wasseroberfläche getaucht, fällt die Tusche auf den Gefäßboden. Im Wechsel mit dem zweiten Pinsel immer wieder die Wasseroberfläche antippen. Bei diesem rhythmischen Vorgehen entstehen konzentrische Kreise mit hypnotischer Wirkung.

Mit viel Übung gelingt dieser Prozess auch mit mehreren Pinseln und Farben.

TIPP: Die feine Pinselspitze sollte niemals im Wasserglas stehen bleiben, sonst wird sie unwiederbringlich zerstört. Gute Pinsel waschen Sie am besten mit Pinselseife aus, ziehen die Spitze wieder in Form und lassen sie liegend (oder hängend) trocknen. Dann haben Sie lange Freude an Ihrem guten Werkzeug.

Bei dieser einfachen Technik gibt es kaum ernsthafte Kontrolle. Die Tusche schwimmt auf dem Wasser, durch die Oberflächenspannung gehalten, und zieht ihre Kreise. Dennoch erfordert es eine gewisse Konzentration und einen sensiblen Umgang mit dem Pinsel. Wenn wir heftig atmen, beeinflussen wir bereits das empfindliche Geschehen. Dies kann natürlich auch bewusst eingesetzt werden. Mit einem Fächer oder leichtem Pusten können Sie eine Luftbewegung verursachen und so den Prozess ein wenig beeinflussen. Vielleicht probieren Sie, mit einem Sushi-Stäbchen die Kreise zu stören? Ansonsten gilt es, sich auf die zufälligen Prozesse einzulassen. Wenn unsere Fantasie frei dahinfließt wie die Tusche auf dem Wasser, mögen ganze Landschaften vor unseren Augen erscheinen oder andere natürliche Formen. Sobald wir zufrieden sind mit dem Ergebnis, lassen wir das Papier auf die Oberfläche gleiten, um den Moment einzufangen.

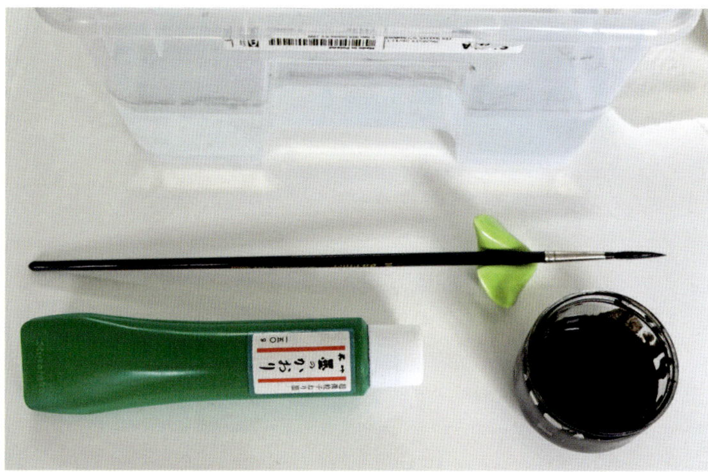

Übrigens: Pareidolie heißt der Fachbegriff dafür, dass wir in zufälligen Mustern gerne etwas Bekanntes erkennen möchten. Leonardo da Vinci hat dies schon gewusst und empfahl, sich eine stockfleckige Wand anzuschauen, um dort „ganze Schlachten“ zu entdecken.

Als Papier eignet sich hervorragend japanisches *Washi*-Papier, gut funktioniert auch Ingres-Papier. Glattes Papier ist nur bedingt zu empfehlen.

Mit kleineren Papierstücken (Resteverwertung) lassen sich die Tuschespuren nach dem eigentlichen Färbeprozess von der Wasseroberfläche abnehmen. Alternativ können Sie dies mit Zeitungspapier machen. Als Nebenprodukt entstehen aus den Papierresten ein paar hübsche Karten.

» Der Arbeitsplatz ist sortiert und logisch aufgebaut: auf der einen Seite die Tusche (mit Pinselablage), auf der anderen Seite die Mischung aus Ochsengalle oder Spülmittel im Wasserglas. Außerdem: ausreichend Platz, um die tropfenden Papiere zum Trocknen auf Handtücher oder einer Zeitung abzulegen.

︽ Mit den ersten Spuren auf dem Wasser geht es los:

Es geht nichts über eine selbst gemachte Erfahrung!
Mit anderen Worten: Mal klappt es, mal klappt es nicht.

Papier in einer flüssigen Bewegung diagonal auflegen und darauf achten, dass sich keine Luftblasen bilden.

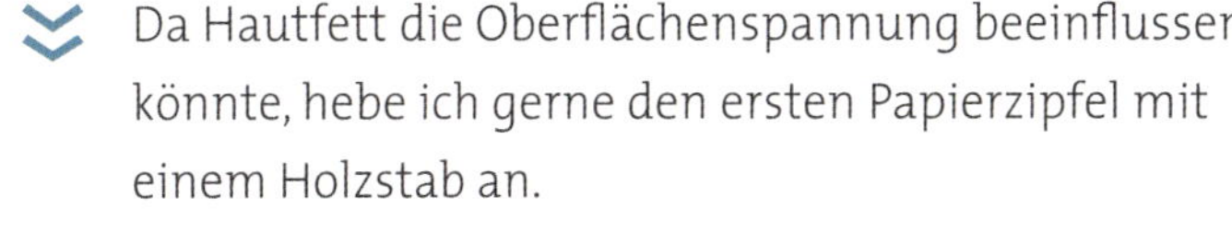

Da Hautfett die Oberflächenspannung beeinflussen könnte, hebe ich gerne den ersten Papierzipfel mit einem Holzstab an.

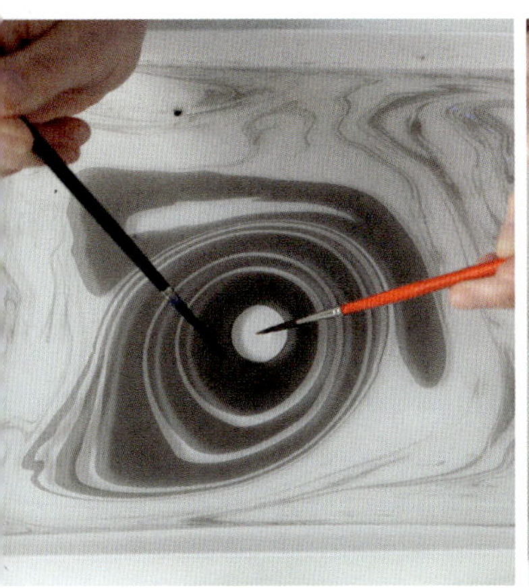

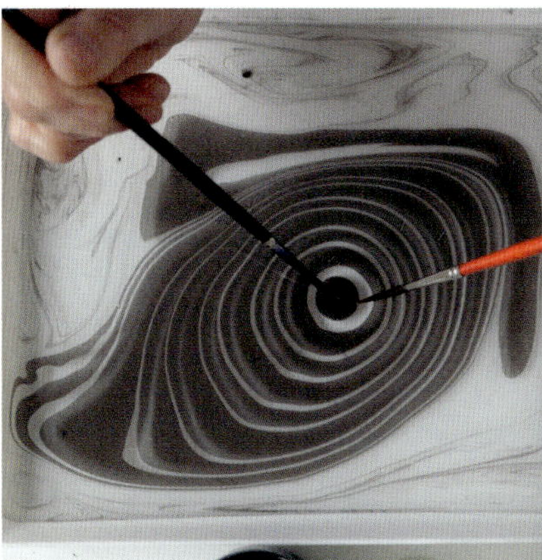

Mit dieser kleinen Fotosequenz können Sie sich von der Hypnose-Entfaltung selbst überzeugen.

Fantasiebindungen

Dem Winter zugeordnet sind reine Fantasiebindungen, auf der Basis der einfachen Stab-Bindung, die Sie bereits von den Frühlingsprojekten kennen. Hier bietet sich an, die Abstände zum Buchrücken und / oder zwischen den Löchern zu verändern. Kleine Varianten ergeben attraktive neue Bindungen. Vertrauen Sie Ihrer Fantasie sowie einem Millimeterpapier und entwickeln Sie ihre eigenen, persönlichen Abwandlungen für ganz besondere Bücher.

+ *Kaidan*

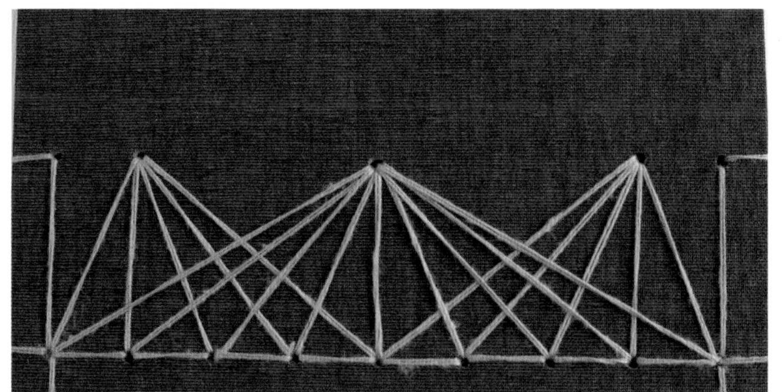

+ *Hikaru*

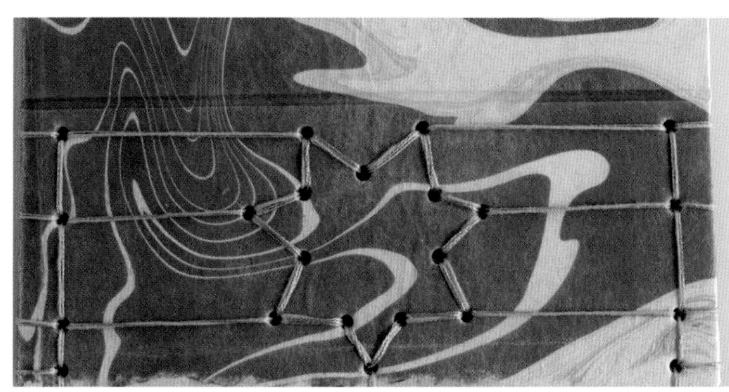

+ *Tanabata*

+ *Ryoanji*

+ *Sakana*

+ *KonZENtration*

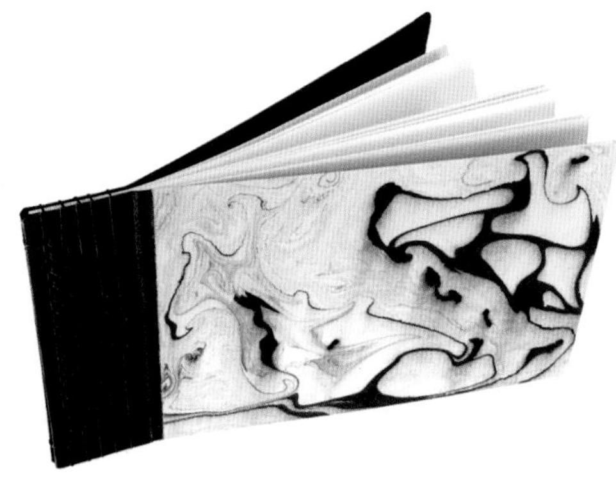

Kaidan* – Tempeltreppe

Warum sind so viele Tempel und Schreine eigentlich immer ganz oben auf dem Berg erbaut? Vielleicht, weil Gottheiten grundsätzlich in Himmelsnähe weilen? Mein Respekt gilt nicht nur den Erbauern, die alles Material über unwegsames Gelände nach oben schleppen mussten, sondern auch den Pilgern, die heute noch wie vor hunderten von Jahren die gesamte Strecke zu Fuß zurücklegen.
So wird jeder Aufstieg zu einer schweißtreibenden, sportlichen Herausforderung. Einen festen Platz in meiner Erinnerung hat das Bild, wie eine jüngere Frau (wahrscheinlich die Tochter) einen älteren, gebrechlichen Mann (wahrscheinlich den Vater) buchstäblich die Treppe zu den Tempeln auf dem *Shikoku*-Pilgerweg hinaufschob.

** kaidan: Treppenstufen*

» Hier ist gut zu erkennen, wie sich die Wirkung verändert, wenn das Papier über Buchleinen geklebt wird oder umgekehrt.
Wie Geschwister – ähnlich und doch jedes für sich eine Variation. Der kleine Unterschied in der Größe der Bindung und der verschiedenen Garnqualität lässt gleich eine andere Anmutung entstehen (beides *Kumihimo*-Band).

Die Sicht auf die Ecken offenbart die Herkunft dieser Bindung: Sie basiert auf der Stab-Bindung und wird mit vier oder drei *Kangxi*-Ecken ausgeführt. Sie lässt sich sehr leicht vergrößern, sowohl in der Breite als auch in der Höhe und somit auf beliebige Buchformate anwenden.

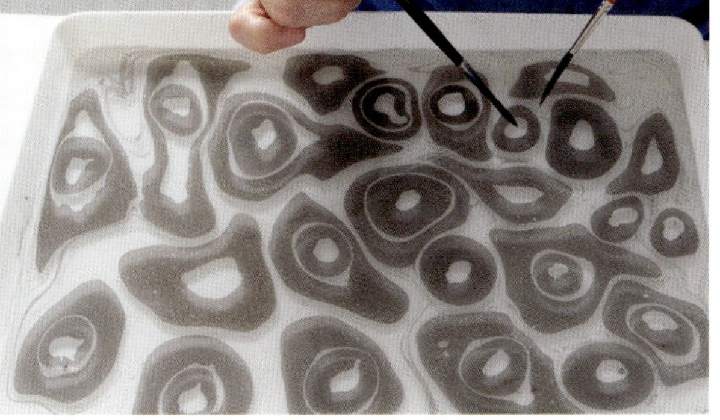

Die an Zellen erinnernden Muster entstehen durch einmaliges Tupfen der Ochsengalle-Wassermischung in die Tuschepunkte.
Sprenkel lassen sich erreichen durch Klopfen auf den Pinsel mit der Ochsengalle-Wassermischung. Damit entsteht ein kleines Tropfenmuster.
Mit einem Holzstäbchen lässt sich das ursprünglich konzentrisch angelegte Muster „zerstören“.

Bindung: siehe Seite 204
Schablone: siehe Seite 204, Download

Hikaru*– Gefunkel

Der Winter ist eine Zeit, in der wir Wärmestrahlen aller Art mögen. Sei es von Kerzen, einem Kaminfeuer oder die positive, warme Ausstrahlung von Familie und Freunden. Dieses Bedürfnis nach Wärme und Geborgenheit verbindet alle Menschen.

** hikaru: scheinen, strahlen, funkeln*

Auch hier versteckt sich die Stab-Bindung. Knapp am Buchrücken befinden sich die Löcher, in denen die Fäden zusammenlaufen. Gerne können Sie eine Schlaufe um den Buchrücken zufügen und gewinnen dadurch eine zusätzliche Variante dieser Bindung.

Etwas einfacher zu binden ist diese Variante, vor allem, weil der Faden kürzer ist, was die Sache erheblich erleichtert. Die Strahlen sind schmaler und geben mehr Raum für den Buchblock, falls dieser nicht verschwenderisch mit dem Zuschnitt aus DIN-A3-Papierbogen gefertigt wird.

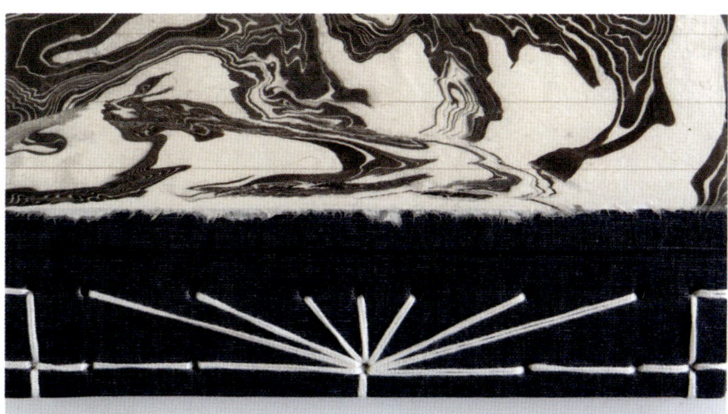

Auf dem einfarbigen Buchleinen zeigt sich das Muster der Bindung brillant klar.

Wie dieses Papiermuster entstanden ist, sehen Sie anhand der Tusche auf der Wasseroberfläche. Die „nervösen" Muster entstehen durch Pusten und andere Luftbewegungen wie Fächern und Wedeln.

Bindung: siehe Seite 206
Schablone: siehe Seite 206, Download

Tanabata – Sternenfest

Während im europäischen Umfeld der Stern eher zum Weihnachtsfest gehört und somit in den Winter passt, gibt es in Japan eine andere Assoziation: In einer anrührenden Legende sind der Hirte Hikobishi und die Weberin Orihime durch die Milchstraße getrennt. Aufgrund einer Bestrafung sind sie dazu verdammt, lediglich einen Tag im Jahr in Liebe zueinander zu finden. Dieses Ereignis, das Sternenfest *Tanabata*, findet am 7. Juli statt. Einem Weihnachtsbaum nicht unähnlich, werden an jenem Juliabend Wunschzettel an Bambuspflanzen geknüpft – in der Hoffnung, dass sich alle Wünsche erfüllen.

Wie sagt man so schön? Ein schöner Rücken kann auch entzücken ... Dem einfachen Zwirn habe ich ein silbernes Stickgarn zugestellt und so die Bindung mit etwas Glanz versehen.

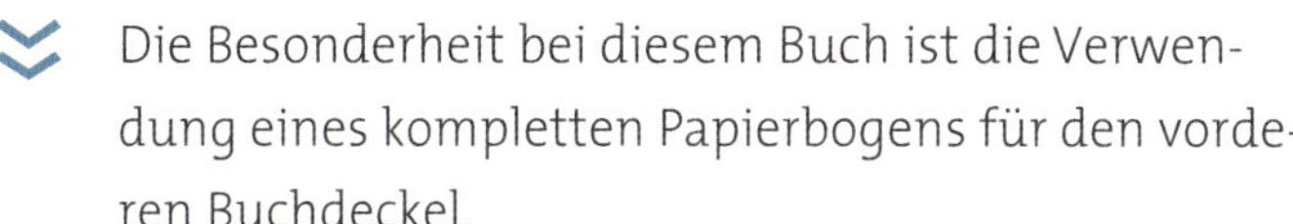

Die Besonderheit bei diesem Buch ist die Verwendung eines kompletten Papierbogens für den vorderen Buchdeckel.

Um das Gelenk zu stabilisieren, wird eine spezielle Gaze zwischen Papier und Gelenk eingeklebt. Legen Sie die Gaze auf den Gelenkspalt, nachdem Sie die Pappe auf dem Papier festgeleimt haben. Dann klappen Sie die vier seitlichen Teile um. Kleben Sie einen so großen Spiegel aus Buchleinen auf, dass es über das Gelenk hinausgeht. So arbeiten Sie wie bekannt das Gelenk aus (siehe Seite 33) und fahren mit dem Kleben des Vorsatzpapiers fort (siehe Seite 34).

Bindung: siehe Seite 210
Schablone: siehe Seite 210, Download

Ryoanji* – Zen-Garten

Jetzt wird es wirklich sehr japanisch. Ist Ihnen schon aufgefallen, dass ein einfaches Drehen des Buchs Ihnen die Möglichkeit eröffnet, wie ein Japaner, eine Japanerin zu lesen oder zu schreiben? Besonders bei dieser Bindung, die unsymmetrisch ist, liegt es ganz bei Ihnen, wo Sie den Schwerpunkt setzen. Je nachdem, wie Sie die Schablone auflegen und die Löcher übertragen, liegt der Halbkreis oben oder unten. Für die Bindung bedeutet dies: Aufpassen und gegebenenfalls bei der Nummerierung „rückwärts gehen" und die Reihenfolge entsprechend anders abzählen.

Bindung: siehe Seite 212
Schablone: siehe Seite 212, Download

Auch bei dieser Bindung folgen Sie dem Zahlenschema. Die Breite der Bindung können Sie wiederum Ihrem persönlichen Buchformat anpassen, indem Sie auf dem geraden Stück zwischen den Löchern eines oder zwei zufügen. Ändern Sie dann entsprechend die Fadenlänge.

** Ryoanji: der wohl berühmteste Steingarten Japans, in Kyoto; eine sogenannte Kare-san-sui-Anlage, ein Trockengarten; obwohl schon 1450 erbaut, ist er bis heute in seiner Kargheit der Inbegriff von Abstraktion; 15 Steine sind in einem „Meer" von Kieselsteinen zu Figurengruppen zusammengesetzt.*

Sakana* – Fischgräten-Muster

Frischer Fisch ist, wie allgemein bekannt, aus der japanischen Küche nicht wegzudenken. Ein traditionelles, japanisches Frühstück beginnt mit gebratenem oder gegrilltem Fisch. Hinzu kommen sauer eingelegtes Gemüse, gerne Miso-Suppe und selbstverständlich Reis.
Dazu gibt es *natto*, fermentierte Sojabohnen, im Angebot. Die müssen im Töpfchen heftig gerührt werden und ziehen dabei viele lange Fäden. Der Geruch ist leider nicht mit freundlichen Worten zu umschreiben. Meines Empfindens nach ist dieses Nahrungsmittel nur für Hartgesottene. Aber Japaner haben ja auch die tapferen, unerschrockenen Samurai-Krieger hervorgebracht. Vielleicht war der Verzehr von *natto* der letzte Test, den ein Krieger bestehen musste?

Fischgräten waren hier die Inspiration für ein solch schlichtes, grafisches Erscheinungsbild der Bindung. Wie immer wieder gerne: gebunden mit glänzendem, dickem *Kumihimo*-Band.

Bindung: siehe Seite 214
Schablone: siehe Seite 214, Download

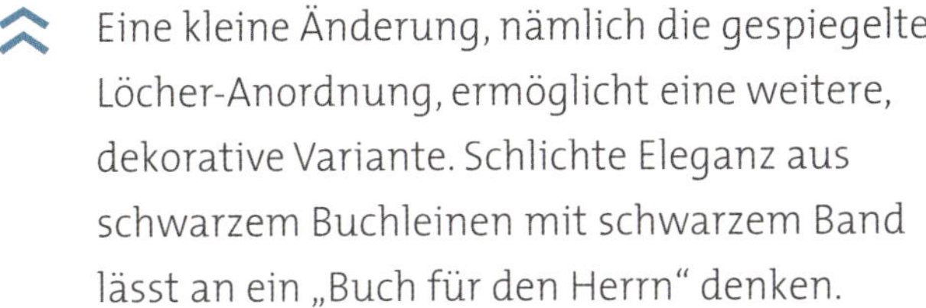

Eine kleine Änderung, nämlich die gespiegelte Löcher-Anordnung, ermöglicht eine weitere, dekorative Variante. Schlichte Eleganz aus schwarzem Buchleinen mit schwarzem Band lässt an ein „Buch für den Herrn" denken.

Die Variationen der dekorativen Fischgräten, gespiegelt um das rautenförmige Zentrum. Beide Vorschläge gibt es als Schablone.

* *sakana: Fisch*

KonZENtration

Die Wortschöpfung ist eine Zusammensetzung aus verschiedenen Kontexten. Gemeint ist die gänzliche Konzentration auf das, was man gerade im Moment macht. Dies ist eine Übung des Zen-Buddhismus und trainiert uns, mit unseren Gedanken ausschließlich im Hier und Jetzt zu verweilen.
*Samu**, wie das auf Japanisch heißt, ist die Herausforderung bei dieser Bindung, die Ihre ganze Aufmerksamkeit fordert.

** samu: Arbeit als Übung im Zen-Buddhismus, umfasst alle Tätigkeiten wie Putzen, Kochen oder Feldarbeit.*

Bindung: siehe Seite 216
Schablone: siehe Seite 216, Download

Diese Bindung fordert in der Tat Konzentration, da hier ein wirklich langer Faden benötigt wird. Da wird geduldig immer wieder das Garn durch die Löcher stramm gezogen, wobei die andere Hand unterstützend den Faden fest hält.

Was hier so komplex anmutet, ist nichts weiter als eine *Kangxi*-Ecken-Lösung. Üppige 6 cm sollten zwischen Buchrücken und Gelenk veranschlagt werden. Es empfiehlt sich, ein besonders schmales, rechteckiges Buchformat zu wählen.

Tanchou* – Glück der fliegenden Kraniche

Ganz im Sinne des Naturkreislaufs endet der Winter mit der Sehnsucht auf den Frühling, der sich ankündigt mit dem Schrei der Kraniche. Voller Leichtigkeit fliegen sie ihre Formation. So verfliegt auch jeder Winter – und einmal mehr schließt sich der Kreislauf eines Jahres, vollendet und erneuert sich.
Die Hoffnung auf Leichtigkeit spiegelt sich in der Fertigung dieser Bücher wider. Es gibt keine „Bindungen" mehr, sondern einfach „nur" Löcher und Buchschrauben. Noch einfacher als dies sind Klemmbinder.
Der runde Rücken besteht aus einem stählernen Federbügel. Auseinandergebogen, sperrt sich der Rücken auf und bietet Platz für beliebiges Papier, bevor er sich, beim Loslassen, wieder fest schließt.
Papier dazwischenklemmen – und fertig!

Den Einband nach Belieben zu bekleben macht aus der simplen, gekauften Mappe ein unverwechselbares Unikat.

Die Lösung mit den Buchschrauben bietet sich an, um sich mit den einfachen Möglichkeiten des Buchbindens vertraut zu machen. Hier liegt der Schwerpunkt eindeutig auf dem Einband, die Bindung bietet keine Herausforderung. Fast schon langweilig?

Eine bereits vorhandene Mappe mit zwei Buchschrauben verlangt nach Verschönerung. Die Abstände der Löcher sind vorgegeben, weshalb es hierfür noch nicht einmal eine Schablone braucht. Für den Rücken nahm ich einen hübschen Rest aus den Vorräten des *Suminagashi*-Papiers, um die Beschriftung zu überkleben und damit einem neuen Titel Platz zu machen.

Gerne können Sie eine der Vier-Loch-Schablonen verwenden, wenn Sie nicht nach eigenem Gutdünken die Löcher positionieren möchten. Nachdem Sie die Löcher durch alle Papierlagen und die Buchdeckel gebohrt haben, schrauben Sie lediglich die Buchschrauben durch die Löcher. Aus dekorativen Erwägungen und abhängig von der Buchgröße dürfen es auch fünf, sechs oder mehr Schrauben sein.

** tanchou: japanischer Kranich*

INSPIRATION

Japanreise

Nara: *Kinkoen*

Kinkoen ist eine der wenigen Firmen, die Tusche *(sumi)* noch in Handarbeit herstellen. In Nara gibt es nur acht Geschäfte und lediglich zehn Handwerker, die sich auf diese Fertigkeit verstehen.

Kinkoen wird heute in der sechsten Generation geführt von Bokuen Nagano, seine Nachfolge wird sein Sohn Atushi Nagano antreten. Bemerkenswert ist die Möglichkeit, während eines Workshops einen eigenen Tuschestein zu kneten. So nimmt man sein ganz persönliches Malmittel in einer hölzernen Schachtel aus Paulownia-Holz mit nach Hause.

Adresse:
Kinkoen
547 Sanjo-cho, Nara
http://kinkoen.jp

noren: Ladenvorhang, Kneipenvorhang*

Die Tür von *Kinkoen* ist, wie in Japan üblich, mit kleinen Vorhängen bestückt – den sogenannten *noren**, die anzeigen, dass ein Geschäft geöffnet ist.

Geht man durch die Eingangstür, betritt man eine verzauberte Welt. Wände und Decken sind mit feinsten Kalligrafien beklebt, die selbstverständlich auf *washi* geschrieben wurden. Folgt man dem langen, verwinkelten Flur, gelangt man tief in das Innerste des Gebäudes, vorbei an

abgestellten Fahrrädern im Innenhof. Nun kommt man in die „Hexenküche", in der – gut belüftet – Tierknochen zu Gelatine gekocht werden. Eine Tätigkeit, die nur in der kalten Jahreszeit verrichtet wird, damit die Gelatine nicht durch zu viel Hitze verdirbt. Dringt man weiter vor, eröffnen sich die Räume, in denen die Tuschen trocknen. Im letzten Stadium liegen sie ausgebreitet auf Gittern. Später reifen sie gleichmäßig gestapelt weiter. Direkt neben dem eigentlichen

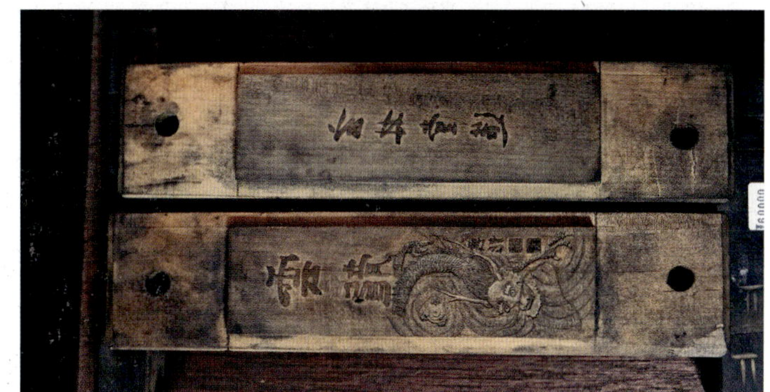

Arbeitsraum befinden sich die mit Asche gefüllten Holzbehälter für die erste Trocknung. Zwischen Zeitungen liegend, müssen die frisch geformten Tuschestangen hier viel von ihrer Feuchtigkeit abgeben, bevor sie in den „Gitter-Raum" gebracht werden.

Zu guter Letzt gelangt man in den eigentlichen Arbeitsraum. Eine wundersame Atmosphäre umfängt einen. Hier wird der „Tuscheteig" mit viel Routine geknetet, gerollt, gewogen und in die längliche Form für die Model gebracht. Die vielen Handpressen scheinen ein faszinierendes Eigenleben zu besitzen mit ihren glänzenden Griffen in einer ansonsten sehr schwarzen Welt.

Wissenswertes über Tusche

Je nach gewünschtem Schwarzton variieren die Mischungsverhältnisse. Was so einfach klingt, ist in Wirklichkeit ein aufwendiges Verfahren der verschiedene Koch- und Brennprozesse mit vielen, fein nuancierten Trocknungsphasen. Wenn aus dem schwarzen, gekneteten „Tuscheteig" eine formbare Masse geworden ist, werden die Portionen als handliche Stücke in entsprechende Formen gepresst. Die empfindlichen Materialien erlauben keine Maschinen. Zwischen den Zutaten und der kostbaren Tusche liegen viele, von Hand ausgeführte Arbeitsschritte. Wie ein guter Wein reift, so benötigt auch jedes Tuschestück Wertschätzung und eine Ruhezeit von ein bis zwei Jahren. Dies steigert die Qualität des Produkts.

Es heißt, dass ein Schwarz im Laufe der Jahre an Lebendigkeit zunimmt und sich die Weichheit und der Reichtum der Nuancen steigert.

FÜR DIE PRODUKTION DER STANGENTUSCHE WERDEN FOLGENDE ZUTATEN BENÖTIGT:

RUSS:
Eine besondere Tuschesorte heißt *Yuen-sumi* und wird aus dem Ruß verbrannter Samen von Raps oder Sesam gewonnen. Alternativ wird der Ruß aus dem Öl des Paulownia-Baumes verwendet. Diese Zutaten sind so zeitaufwendig zu gewinnen und kostbar, dass dafür ein entsprechender Preis zu zahlen ist. *Shoen-Sumi* wird aus Baumharz gewonnen und ist preisgünstiger. Der Ruß ist sehr fein, mit Babypuder vergleichbar, allerdings seidig glänzend und tiefschwarz.

GELATINE:
Aus den Tierknochen von Kuh, Büffel und Schaf wird das natürliche Bindemittel gewonnen. In getrocknetem Zustand hart und geruchlos, wird sie durch vierstündiges

Kochen wieder weich und entwickelt einen unangenehmen Geruch. Deshalb wird der Tusche ein Duftstoff zugegeben.

PARFÜM:
Die Duftstoffe bestehen aus Kampfer oder einer Kräutermischung. Diese ist eine persönliche, individuelle Mischung je nach Manufaktur. Auch diese Zutat ist aufs Feinste pulverisiert.

DIE WEITERE VERARBEITUNG:
In aufwendigen, unterschiedlichen Prozessen wird diese Mischung, plus Wasser, immer wieder geknetet, bis eine homogene Masse, Kinderknete vergleichbar, entsteht. In speziellen Modeln wird die abgewogene Masse (15 Gramm) eingelegt und mit der Handpresse in Form gedrückt, wobei sich ein Muster einprägt.

TROCKNUNG:
Es erfordert viel Geduld, bis die Trocknung zur festen Stangentusche abgeschlossen ist. Anfänglich sind es kurze Intervalle, zwischen Zeitungspapier und Asche, später im Regal. Allein diese Phase beansprucht vier Monate. Anschließend folgt eine zwei- bis dreijährige Wartezeit bis zur letzten Reifung. In dieser Zeit verliert das Tuschestück 30 % seiner Feuchtigkeit. Bei größeren Tuschestücken dauert jede Phase entsprechend länger. So scheint mir der Vergleich mit der Reifung eines guten Weins besonders treffend.

MODEL:
Mit größter Sorgfalt werden die Model aus dem harten Holz des Birnbaums geschnitzt. Die Einzelteile lassen sich wie ein Bausatz blitzartig auseinandernehmen und genauso rasch wieder zusammenstecken – mit der Tuschemasse im Inneren. Durch das Pressen prägen sich Schriftzeichen oder Muster ein. Ein Profi schafft beeindruckende 400 Stück am Tag! Derzeit gibt es nur noch einen Handwerker, der die Fertigkeit der Modelschnitzerei beherrscht. Er ist jetzt 90 Jahre alt. Mit ihm wird bedauerlicherweise auch dieses Wissen sterben.

Nara: *Kobaien*

Seit 1646 existiert das Geschäft in Nara und stellt bis heute Tusche her. Dort kann man Führungen besuchen, allerdings nur in der kalten Jahreszeit. (www.kobaien.jp)

Kyoto: *Kamiji-kakimoto*

Folgt man der Straße nach Verlassen der überdachten Passage, gelangt man in wenigen Minuten zu diesem zauberhaften Geschäft! Hier gibt es eine kleine, exquisite Auswahl an *washi*. Sogar ein extra Tisch steht für Kinder bereit und lädt ein, mit Buntstiften kreativ zu werden.

Adresse:
Kamiji-kakimoto
Nijo-agaru Teramachi-dori Nakagyo-ku, Kyoto
www.kamiji-kakimoto.jp

Kyoto: *Shibori*-Museum

In einer ruhigen Seitenstraße Kyotos befindet sich das *Shibori*-Museum. Seit 80 Jahren ist *Shibori* der Lebensinhalt der betreibenden Familie. Der Großvater begann mit der Herstellung erster dekorativer Futterstoffe für Herren-Kimonojacken. Außen schlicht, boten sie im Inneren ein prächtiges Bild. Es folgten Obi-Gürtel für beide Geschlechter, Schals und Kinderbekleidung. In der dritten Generation der Familie wird nun das Museum geführt. Das Wissen um diese zeitintensive, aufwendige Technik in all ihren Facetten wird so hochgehalten. Es hat sicher seinen Wert, diese alten Färbetechniken zu bewahren, die von Indien über die Seidenstraße nach Japan kamen.

Am Beispiel der *Hon-hitta*-Technik ist leicht zu verstehen, dass es zwei Jahre dauern kann, bis ein Kimono fertiggestellt ist. In Handarbeit kann ein spezieller Haken zum Binden benutzt werden, oder aber jeder Knoten wird ausschließlich mit der Hand gefertigt.

Tausende kleinster Stoffzipfel sind in Handarbeit mit einem Leinengarn abgebunden, das während des Färbens einläuft und sich so noch enger um den Stoff zieht.
Derzeit gibt es nur noch vier Personen, die dieses Verfahren beherrschen. Die Tochter einer Handwerkerin führt die Technik alleine weiter.

Shibori-Inspiration, um Papier zu färben.

In vorbereiteten Farbtöpfen werden die kleineren Stoffstücke der Kursteilnehmer gefärbt.

Ein faszinierender Schal, der mich an ein Lebewesen aus der Tiefsee erinnert.

Adresse:
Shibori-Museum
127, Shikiami-cho,
Nakagyo-ku, Kyoto
www.kyotoshibori.com

Auch auf der Webseite werden die vielen Techniken erklärt.

Tokio: *Yo Yamazaki*

Mit Tokio verbindet man allgemeinhin eine Mega-City, in der Menschenmassen zwischen Hochhäusern hin- und hereilen. Wer würde bei diesem hübschen Haus schon erwarten, dass es in Tokio steht?

Yo Yamazaki hat im besagten Haus, das von seinem Großvater erbaut wurde, sein Studio eingerichtet.

Vom Ausblick in den Garten darf man sich nicht ablenken lassen, gleichwohl ist er als Inspirationsquelle willkommen. Gerne benutzt Yo Yamazaki getrocknete Blätter und kombiniert diese mit anderen Materialien für seine „Notebook"-Hüllen.

Seit mehr als 30 Jahren macht Yo Yamazaki Bücher. Die Liebe zum Buch begann bereits in der Grundschule, denn er las sehr gerne und entdeckte die Welt der Bücher für sich. Bis heute fasziniert ihn am Buch, dass es im Inneren ein Geheimnis birgt, außerdem seine Beweglichkeit und

Kranichbuch – meisterlich gefertigt.

Flexibilität, bis hin zu seinen skulpturalen Eigenschaften als dreidimensionales Objekt.

Nicht nur die älteren Buchexemplare – wie das Kranichbuch – sind meisterlich gearbeitet und durchdacht.

Bei den jüngeren Büchern gilt sein Interesse alltäglichen oder maschinengefertigten Materialien, die ursprünglich bedeutungslos sind, aber durch die Verwendung im anderen Kontext einen neuen Wert erhalten.

So wird die kleine, weiße Fliese zum Einbanddeckel der Akkordeon-Faltung aus Wellpappe.

Immer wieder tauchen ausgeschnittene Kreisformen auf, die zur Bemalung inspirieren.

Vielleicht zeigt sich Yo Yamazakis grundlegende Gestaltungsidee am Beispiel des Kranichbuchs besonders deutlich: Während üblicherweise ein geschriebener Text den Leser in eine geheimnisvolle, andere Welt einlädt, ist es hier der Kranich (ein japanisches Glückssymbol), der den „Leser“ ermuntert, seine eigene Geschichte im Buch zu (er-)finden.

Gerne gibt Yo Yamazaki sein Wissen und Können an seine Schüler weiter. Dies führt ihn nach Kanada und Europa.

„My live is a journey of finding alternative ways of presentation. It`s so fun.“

Adresse:
Yo Yamazaki
156-0057 3-19-6 Kamikitazawa,
Setagaya-ku, Tokio
http://yoyamazaki.jp
https://mcbaprize.org/yamzaki

Wie in vielen japanischen Häusern muss jedes winzige Plätzchen optimal genutzt werden. So hat Yo Yamazaki sich aufs Feinste organisiert und strukturiert. Das Chaos hat System.
Fein säuberlich beschriftet, sind die Werkzeuge nach Kategorien sortiert und stets griffbereit.

Tokio: *Jimbō-cho*

Jimbō-cho, die Straße der antiquarischen Bücher in Tokio, ist das größte Bücherviertel der Welt und liegt im Stadtbezirk *Chiyoda*. Meiner Meinung nach sollte es im gemütlichen Tempo, von Geschäft zu Geschäft schlendernd, erkundet werden.

Auch wer nicht Japanisch lesen kann, findet amüsante Dinge, wie alte Zeitschriften mit Vintage-Charme.

Ein Plätzchen für ein Buch findet sich doch überall, nicht wahr?

Auch wenn es nicht so aussieht, scheint es möglich, in der Fülle die Übersicht zu bewahren.

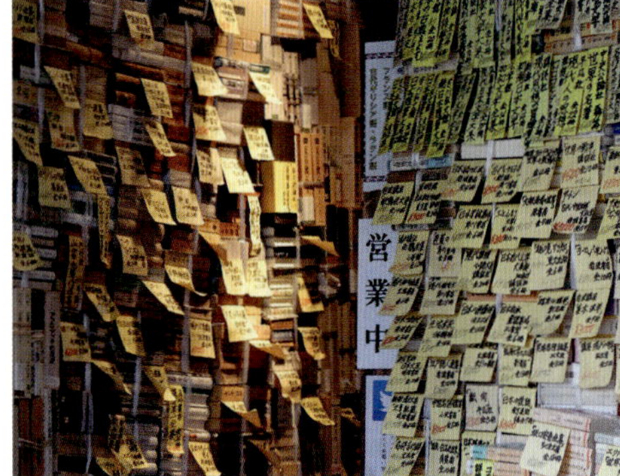

Die vielen japanisch gebundenen Bücher werden Ihnen vertraut vorkommen. Sie können diese mit einem „das kenne ich" begrüßen und die Qualität der fachmännischen Bindung begutachten.

Der erschöpfte Flaneur findet in zahlreichen Cafés Ruhe und Nahrung, wobei es sich anbietet, beides miteinander zu verbinden. Langes Sitzen und Arbeiten am Laptop sind in Japan üblicher Alltag.

Adresse:
Bumpodo
1-21-1 Kanda Jimbō cho,
Chiyoda-ku, Tokio 101-0051
www.bumpodo.co.jp

Tokio: Bumpodo

Im *Jimbō-cho*-Viertel fand ich glücklicherweise dieses Geschäft mit Künstlerbedarfsartikeln hinter der historischen Fassade.

Die japanische Spezialität, auf einem Minimum an Fläche ein Maximum an Angebot unterzubringen, wird hier fühlbar. Schlängeln Sie sich durch die schmalen Gänge und staunen Sie, wie alle paar Zentimeter etwas Schönes zu entdecken ist.

» Beachtenswert: Die Werkzeuge für die spezielle Technik des japanischen Holzschnitts, inklusive des nur in Japan gebräuchlichen *baren*.

» Bumpodo hat auch die farbige Tusche (*marbling*) für die *Suminagashi*-Technik im Sortiment.

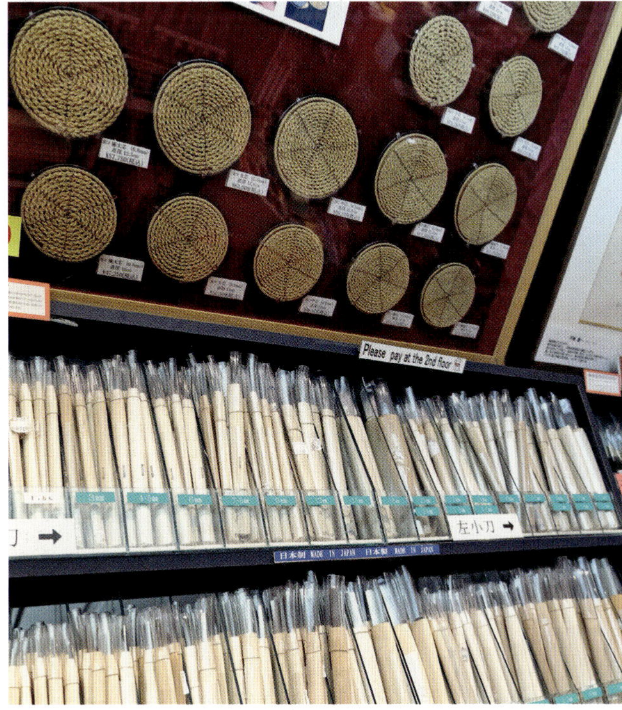

Tokio: *Marumizu-gumi*

Wer auch entlegene Orte in Tokio erkundet, wird sich gerne auf den Weg machen zu *Marumizu-gumi* und dort eine kleine, verwunschene Welt des Buchbindens entdecken. Etwa 30 Minuten vom Bahnhof *Ikebukuro* entfernt liegt dieses Geschäft. Es befindet sich in einem Stadtteil, wo es keine hochglänzenden Fassaden, keine Büroangestellten in dunklen Anzügen, keine schicken Frauen wie aus dem Modemagazin mehr gibt, sondern das japanische Alltagsleben stattfindet. Neben speziellen Werkzeugen zum Buchbinden, verschiedenen Papiersorten sowie allen benötigten Materialien kann man in dem zauberhaften Laden *Marumizu-gumi* kleine, liebevoll gesammelte Dinge entdecken.

In jedem gut genutzten Winkel verstecken sich auch „artfremde" charmante Überraschungen.

❮❮ Alle Bücher sind als Vorlage für die Kurse von der Eigentümerin eigenhändig gefertigt.

❮❮ Ganz süß das Minibuch von *Peter Rabbit*, das es als vorbereitete Bastelpackung gibt.

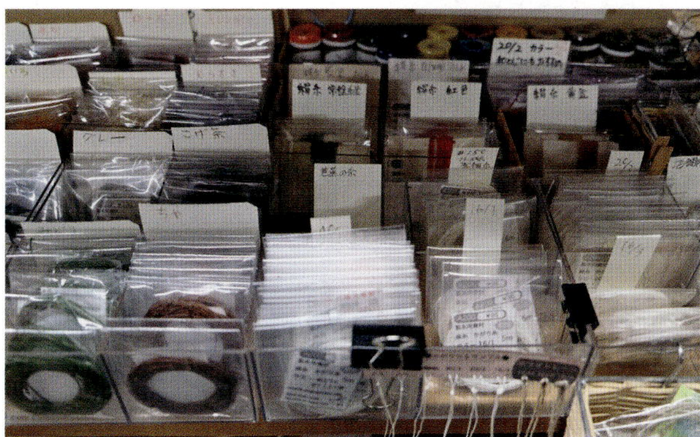

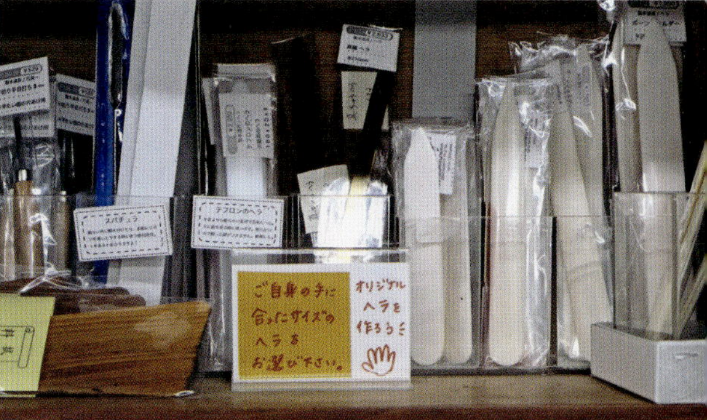

Die englische Webseite ist äußerst informativ und lesenswert, stellt sie doch die japanischen Buchbinderwerkzeuge vor und erklärt verschiedene Papiersorten sowie historische Hintergründe zum japanischen Buch.

❯❯ Die Werkstatt ist gut bestückt mit einer tollen Buchpresse und einer deutschen Tischschneidemaschine.

Adresse:
Marumizu-gumi
1-4-9 Minami Tokiwadai,
Itabashi-ku, Tokio 174-0072
Dienstags und mittwochs geschlossen
8 Minuten vom Südausgang der Station
Naka-itabashi (TJ05),
Tobu Tojo Line
www.marumizu.net

Tokio: *Sekaido*

Schon aus großer Distanz fällt allen mit „Weitblick“ das „Mona Lisa“-Porträt an einem Hochhaus auf: Angesichts der gigantischen Auswahl an Künstlerbedarfsartikeln hat die erstaunt ausschauende, weltberühmte Dame ihr geheimnisvolles, feines Lächeln verloren …

Auf mehreren Etagen sind die Materialien sinnvoll sortiert. Pinsel, Papier, Skizzenpapier, natürlich Stempel, Ölfarben, Tuschen, flüssig oder am Stück, füllen ganze Regalmeter.

Denken Sie an die *Suminagashi*-Technik! Vielleicht greifen Sie zu den farbigen Tuschen von *Boku Undo*? Auch ohne ein spezielles Angebot an Buchbinderbedarf ist *Sekaido* ein echtes Erlebnis.

Adresse:
Sekaido
160-0022 3-1-1 Shinjuku,
Shinjuku-ku, Tokio,
Gebäude 1F–5F
www.sekaido.co.jp

Tokio: *Ozu Washi*

Ozu Washi gibt es seit 1653. Auch heute noch befindet sich das Geschäft am gleichen Ort wie das ursprüngliche Geschäft.

Auf die Gefahr hin, dass ich mich wiederhole: Die Papierauswahl ist hier atemberaubend schön.

Das Besondere bei *Ozu Washi* ist der Workshop-Bereich. Hier kann man auspobieren, Papier zu schöpfen. In den höheren Etagen gibt es ein sehr informatives Museum, das seit 360 Jahren Papiergeschichte sammelt, aufbewahrt und zeigt. Anhand der Erklärungen wird nachvollziehbar, weshalb handgeschöpftes Papier so wertvoll ist und zum Weltkulturerbe ernannt wurde. In der Galerie können sogar Kleidungsstücke aus Papiergarn bestaunt werden sowie andere Exponate wie Kalligrafien oder mit Tusche gemalte Bilder.

Wer noch kein *Orizome*-Papier gefertigt hat, kann dies hier nun kaufen – in großen und kleinen Bogen.

Tokio: *Maruzen*

Auf der Straßenseite gegenüber Haibara finden Sie das Buchgeschäft *Maruzen* mit einem riesigen Angebot über mehrere Etagen. Hier ist besonders das Antiquariat im obersten Stockwerk erwähnenswert!

Adresse:
Maruzen
2-3-10 Nihonbashi,
Chuo-ku, Tokio 103-8243
Tipp: Auch in Kyoto gibt es ein *Maruzen*.
www.maruzenjunkudo.co.jp/maruzen/top

Tokio: *Haibara*

Leider hatte ich keine Erlaubnis, den Innenraum zu fotografieren, der mit seinen dunklen Holzregalen ein wenig französisches Flair verbreitet.

» Ein Buch mit nur einer gebundenen Ecke. Eine hübsche Idee, warum ist mir das nicht eingefallen?

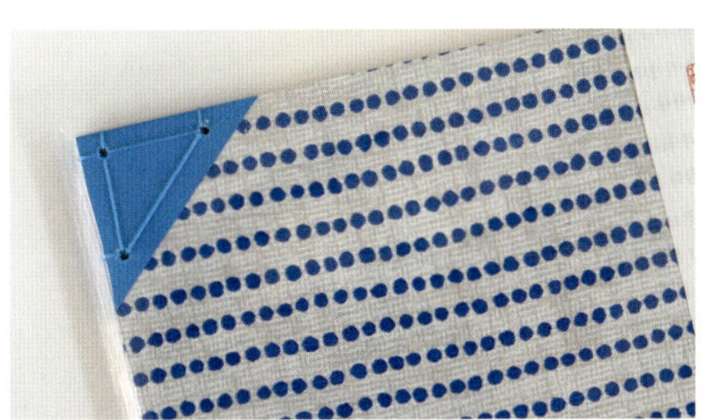

« Adresse:
Ozu Washi
OzuHonkan Bldg.,
3-6-2 Nihombashihoncho,
Chuo-ku, Tokio 103-0023
fußläufig zu *Haibara*
www.ozuwashi.net

Adresse:
Haibara
Nihombashi Tower,
2-7-1 Nihombashi,
Chuo-ku, Tokio 103-0027
www.haibara.co.jp

Tokio: *Kyukyodo, Ginza*

Kyukyodo überrascht! Es ist der angenehme Duft, der beide Etagen durchströmt. Er rührt von den Weihrauchprodukten, mit denen 1663 das Unternehmen seinen Anfang nahm.

Heute ist eine Fülle an herrlichen Papieren dazugekommen. Im Farbverlauf präsentiert, ist alleine das Anschauen schon ein Fest. Daraus gefertigte Kleinigkeiten verlocken zum Kauf von Souvenirs. Sorgfältig sortiert und ästhe-

tisch dargeboten, Glückwunschkarten und Briefpapier ... Die obere Etage bietet Kalligrafie-Papier an, hübsch verpackt und gerollt, sowie eine reichliche Auswahl an Pinseln. Natürlich dürfen Stempel nicht fehlen, die entweder Massenproduktion sind oder für gehobene Ansprüche angefertigt werden.

Zwischen all jenen Luxusartikeln, die im Viertel *Ginza* angeboten werden, empfand ich *Kyukyodo* als eine kleine Oase, die sich lohnt!

Übrigens: In Kyoto gibt es *Kyukyodo*, das ursprüngliche Geschäft.

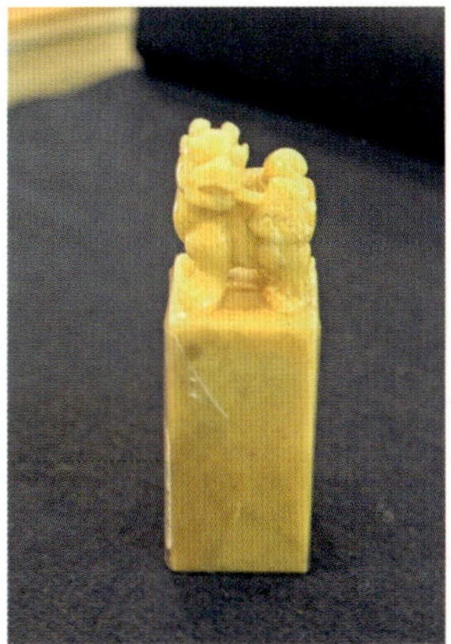

TIPP: Fußläufig zu *Itoya*. Gleich gegenüber ist *Mitsukoshi*, nicht verpassen!

Adresse:
Kyukyodo Ginza
5-7-4 Ginza,
Chuo-ku, Tokio 104-0061
www.kyukyodo.co.jp

Tokio: *Ito-ya, Ginza*

Zwischen Luxusgeschäften von Rang und Ruhm befindet sich *Ito-ya*, das einfach überwältigend ist. Mit unaufdringlicher Musikuntermalung und sanftem Vogelgezwitscher (speziell für *Ito-ya* entwickelt) sind die Wege zwischen den zwölf Etagen eine vergnügliche Entdeckungstour. Selbstverständlich gibt es Materialien zum Buchbinden, eine schier unendliche Auswahl an *Washi*-Tapes, Stickern, Post-its und allen Arten von Schreibpapier, Briefumschlägen

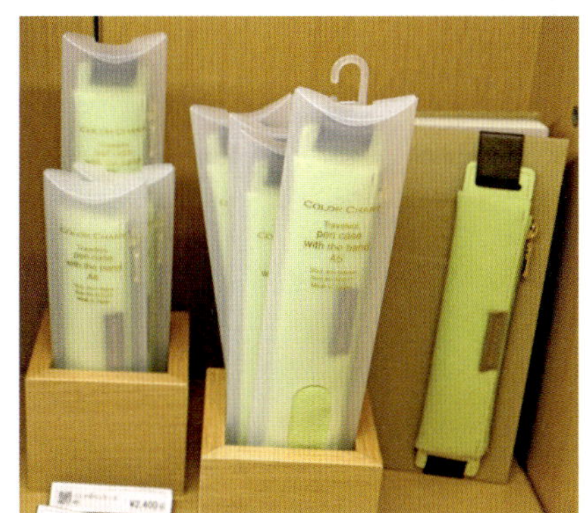

und Grußkarten. Die Auswahl an *Washi*-Papier mit den wunderbarsten Mustern scheint genauso unerschöpflich wie beeindruckend.

Beeindruckend auch die Stempelfülle – vom „Spaßstempel“ über Stempel für den japanischen Büroalltag bis hin zum speziell angefertigten Stempel aus Elfenbein …

Füller lassen sich hier ebenfalls bewundern, die mit japanischer Lacktechnik verziert sind. Eine Anschaffung fürs Leben zum Preis von rund 6400 € – pro Füller versteht sich.

Wirklich unglaublich ist die Papierauswahl in der Etage fine papers. Sanft wird den Kunden mittels Flyer empfohlen, sich zuerst für eine Farbe zu entscheiden, dann den gewünschten Zweck zu bedenken, um schließlich mit der erfühlten Papierprobe bei der „Paperconcierge“ die Auswahl in Empfang zu nehmen.

Wer sich nach so viel Schauen eine Ruhepause gönnt, kann sich im Restaurant mit Ausblick auf Tokio stärken – zum Beispiel mit einem Salat aus der hauseigenen Farm.

Adresse:
Ito-ya
2-7-15 Ginza,
Chuo-ku, Tokio 104-0061
www.ito-ya.co.jp
Floorguide:
www.ito-ya.co.jp/pdf/english.pdf

Tokio: *Takeo*

Takeo ist eine Papierkathedrale: Vor dem Hintergrund der ganz in Weiß gehaltenen Räumlichkeiten sind alle Farben brillant klar zu unterscheiden. In aufgereihten Kästen, im Farbverlauf ausgerichtet, kann das gewünschte Papiermuster betrachtet und erfühlt werden. Das wird sicher jedes Grafikerherz höher schlagen lassen.

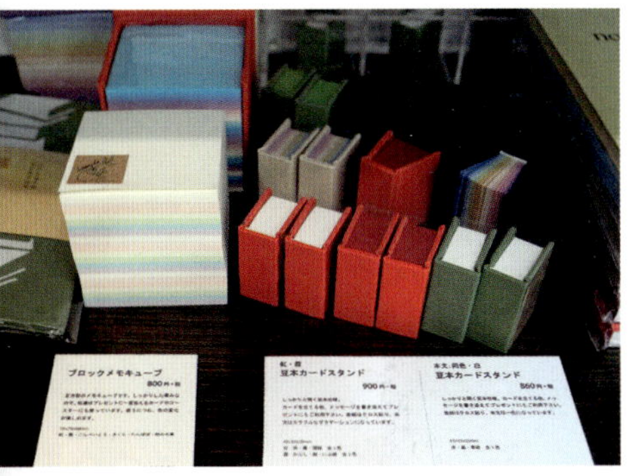

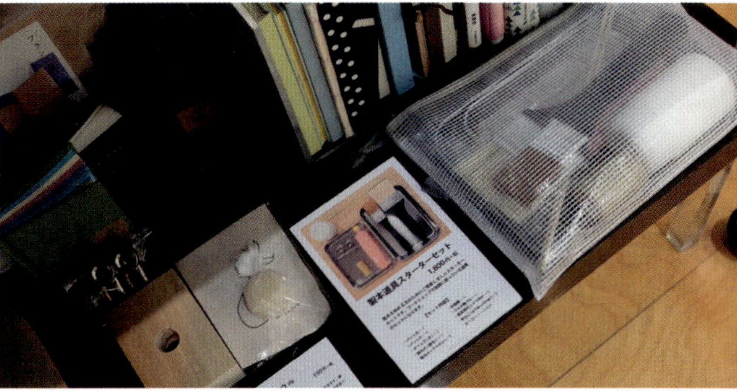

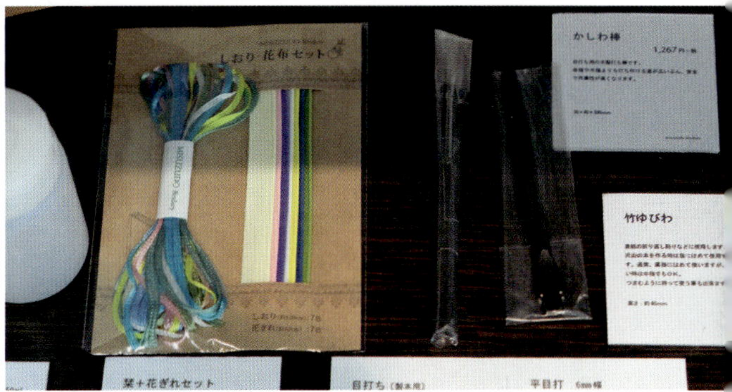

Tokio: *Misuzudo*

Misuzudo befindet sich nur eine Treppe höher. Hier können Sie die Grundausstattung zum japanischen Buchbinden kaufen. Einige wenige Hefte und Bücher sind auch vorhanden.
Erkennen Sie die Werkzeuge wieder? Meine kleine Grundausstattung habe ich hier erstanden.

« Adresse:
Takeo
3-18-3 Kanda Nishiki-cho,
Chiyoda-ku, Tokio 101-0054
www.takeo.co.jp

Adresse:
Misuzudo
3-18-3 Kanda Nishiki-cho,
Chiyoda-ku, Tokio 101-0054
www.misuzudo-b.com

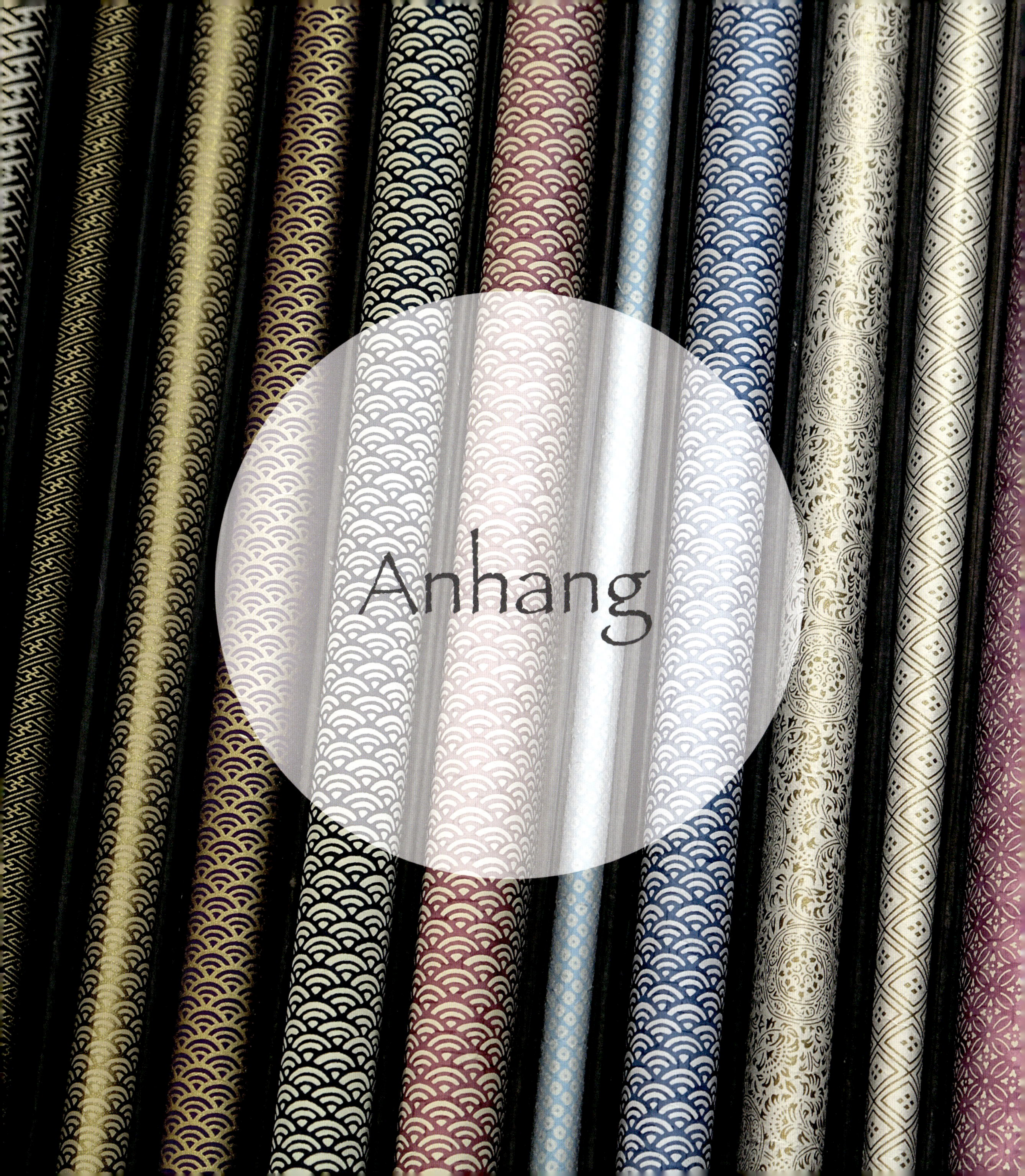
Anhang

» Alle Vorlagen auch als Download unter https://www.haupt.ch/buchbinden-im-japanischen-stil

Alle Vorlagen auch als Download unter https://www.haupt.ch/buchbinden-im-japanischen-stil

STICKVORLAGEN

» Alle Vorlagen auch als Download unter https://www.haupt.ch/buchbinden-im-japanischen-stil

» Alle Vorlagen auch als Download unter https://www.haupt.ch/buchbinden-im-japanischen-stil

Kaidan – Tempeltreppe

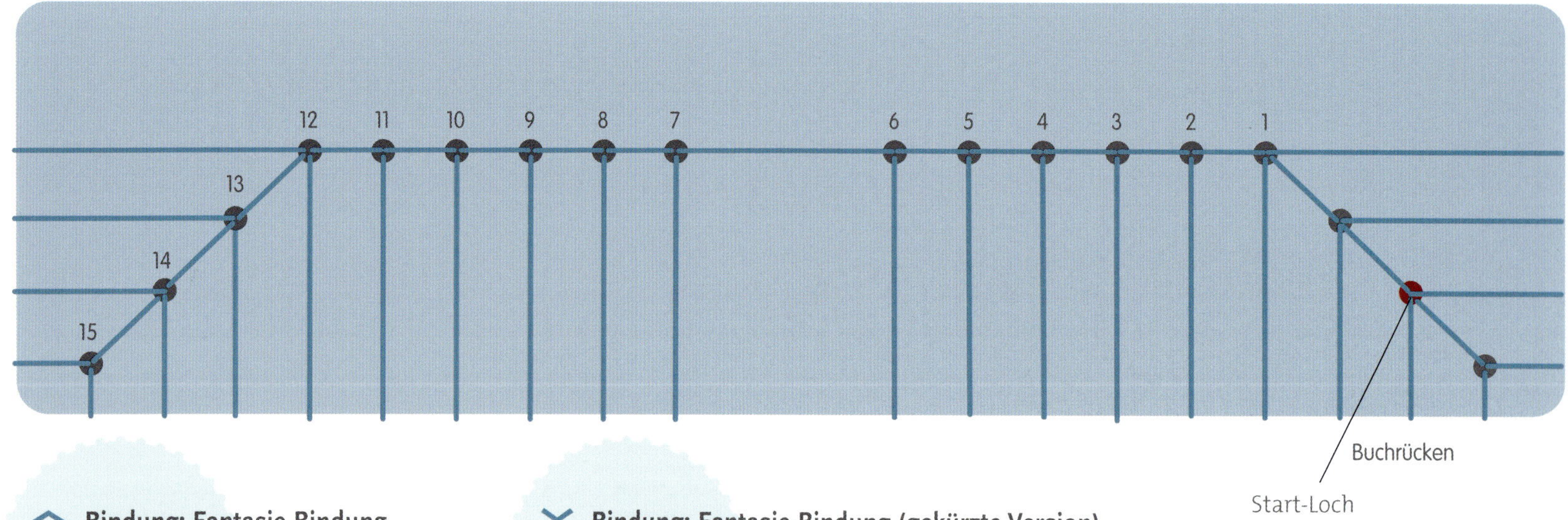

Bindung: Fantasie-Bindung
Fadenlänge: 14 x Buchhöhe
Buchhöhe: 21 cm

Bindung: Fantasie-Bindung (gekürzte Version)
Fadenlänge: 8 x Buchhöhe
Buchhöhe: 21 cm

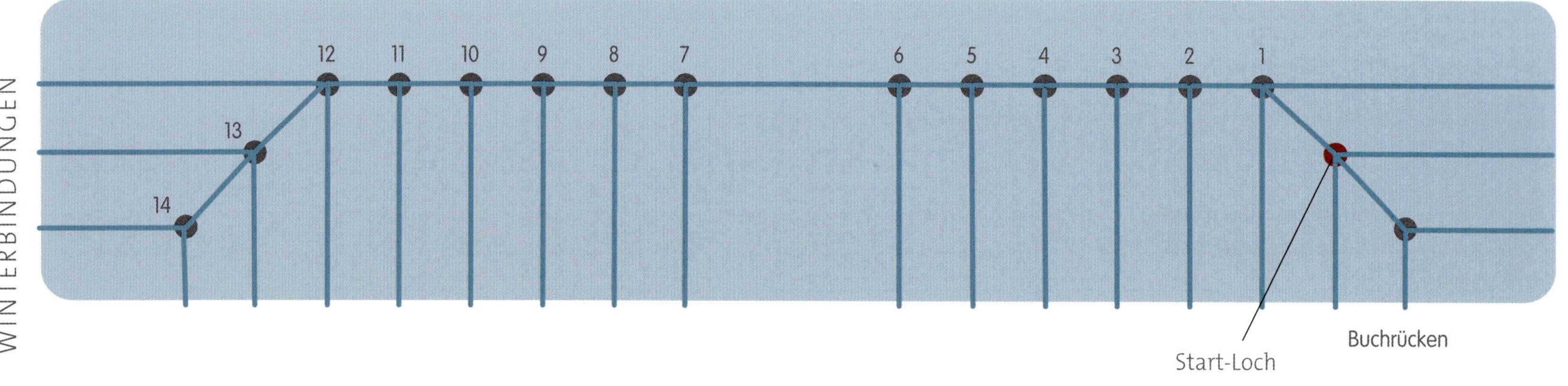

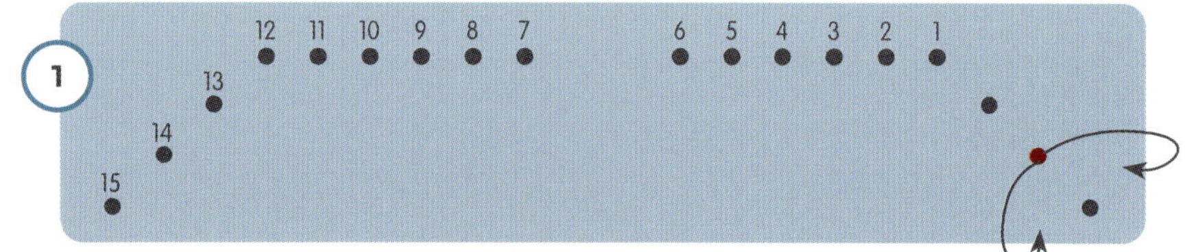

Für alle Bindungen gilt:
Gearbeitet wird auf der Buchrückseite.
-------- = Fadenverlauf auf der Buchvorderseite (= Arbeitsrückseite).

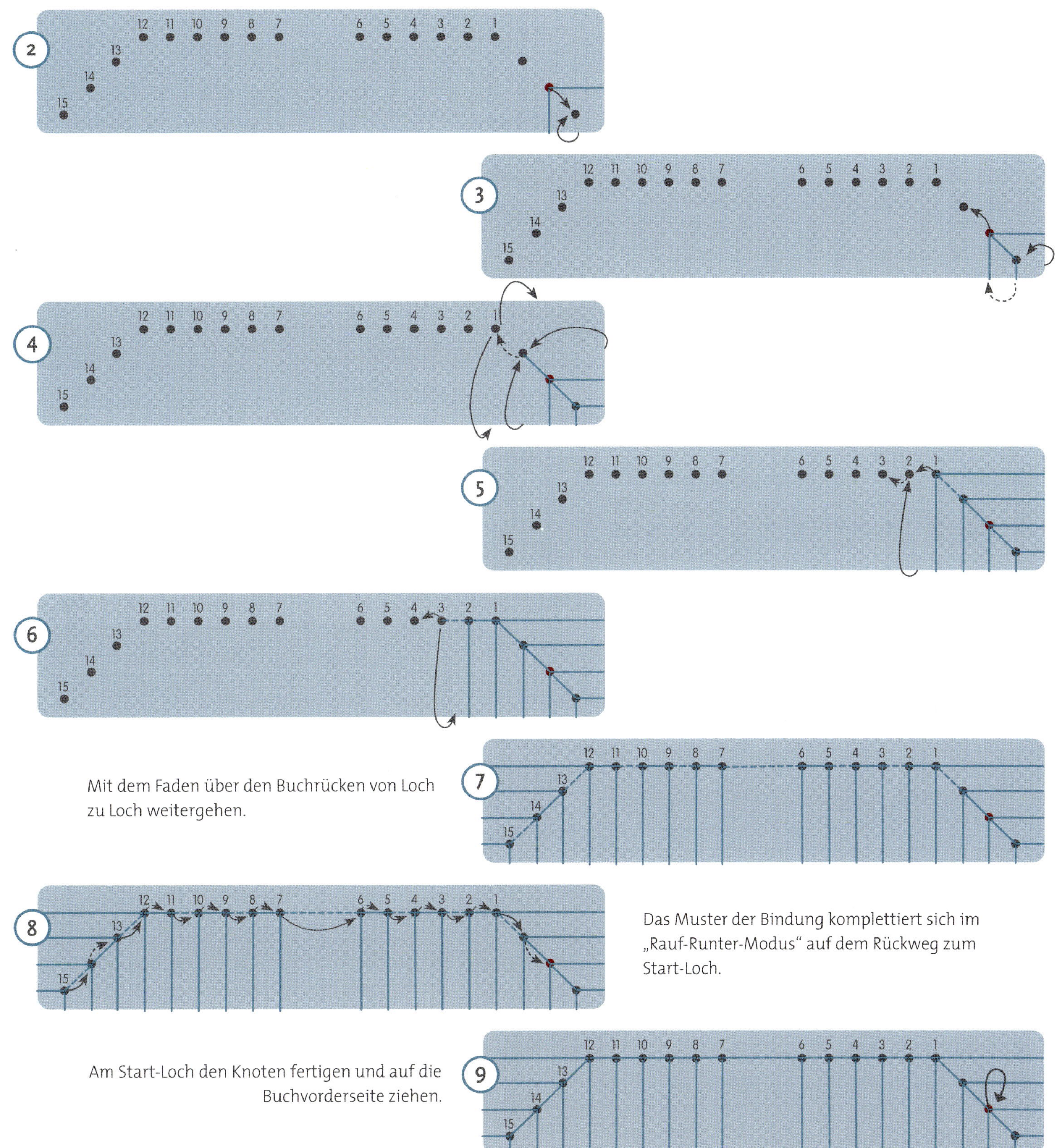

Mit dem Faden über den Buchrücken von Loch zu Loch weitergehen.

Das Muster der Bindung komplettiert sich im „Rauf-Runter-Modus“ auf dem Rückweg zum Start-Loch.

Am Start-Loch den Knoten fertigen und auf die Buchvorderseite ziehen.

Hikaru- Gefunkel

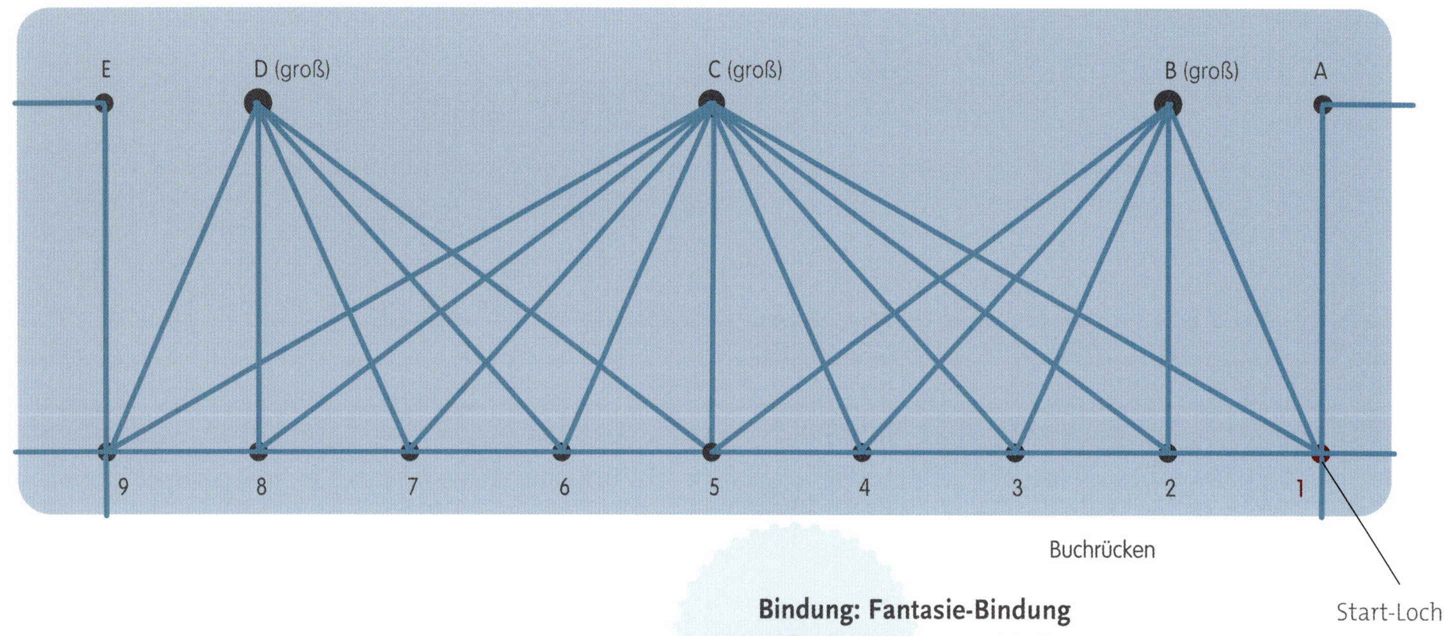

Bindung: Fantasie-Bindung
Fadenlänge: 17 x Buchhöhe
Buchhöhe: 18 cm

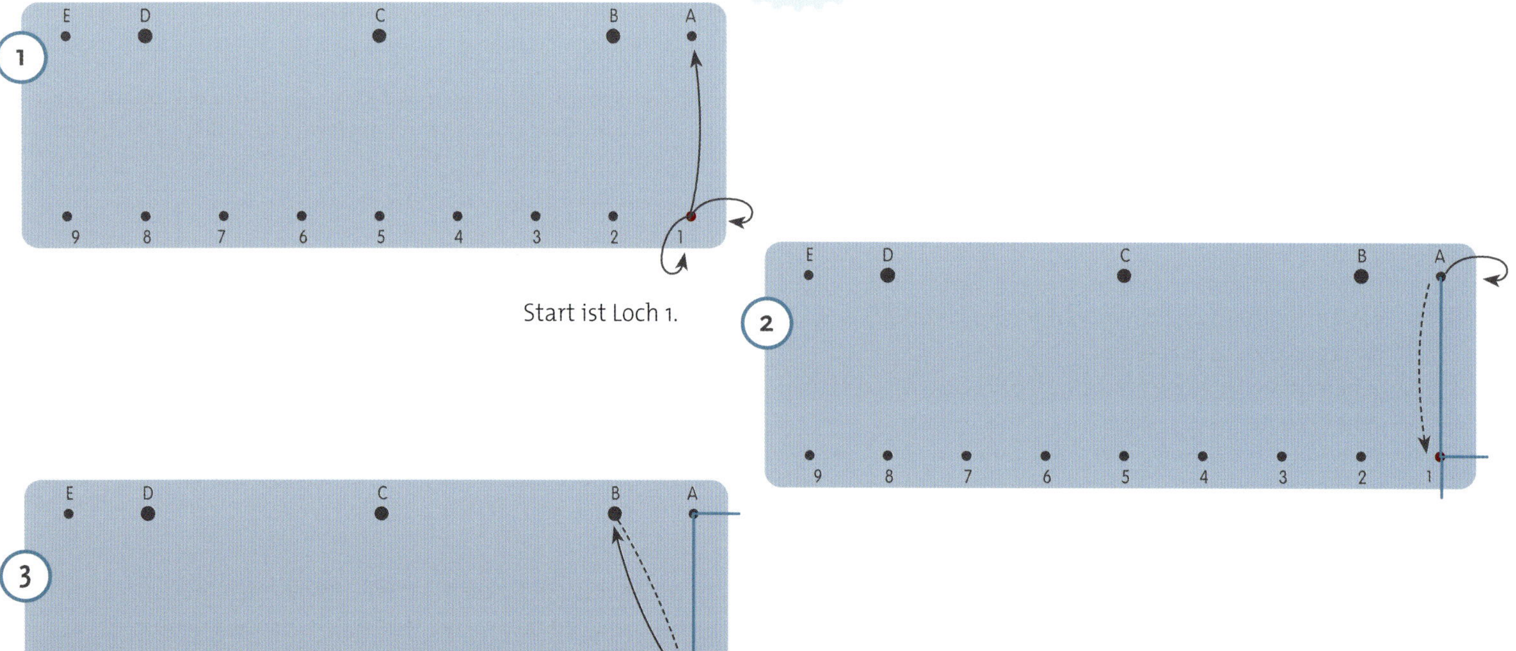

Start ist Loch 1.

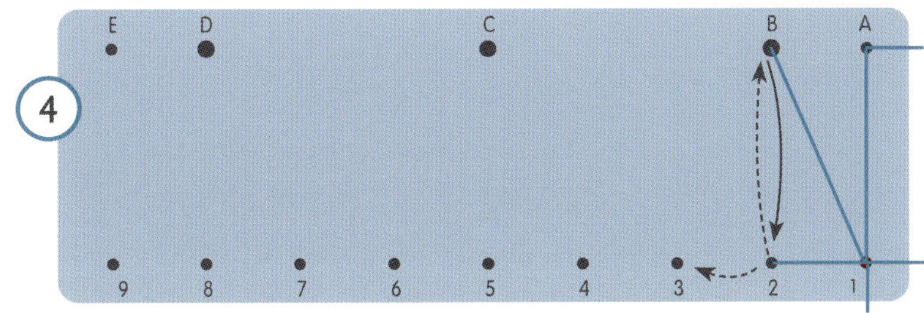

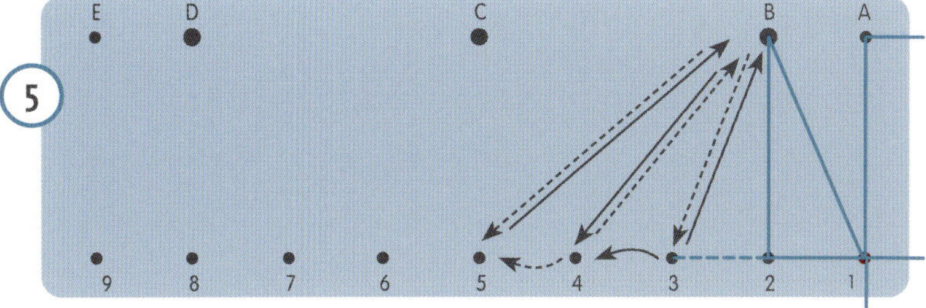

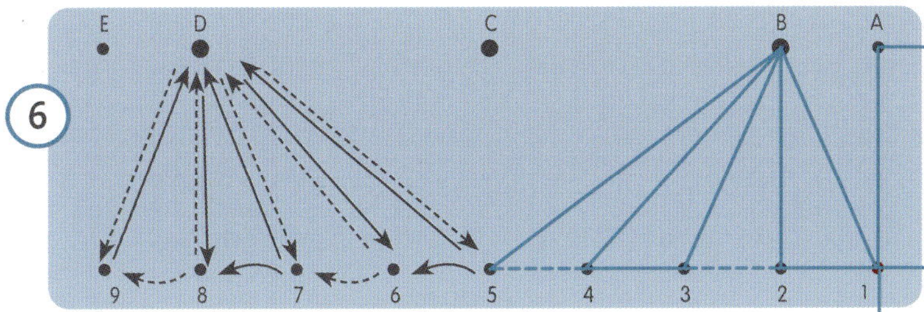

Weitergehen im Strahlenmuster über Loch D.

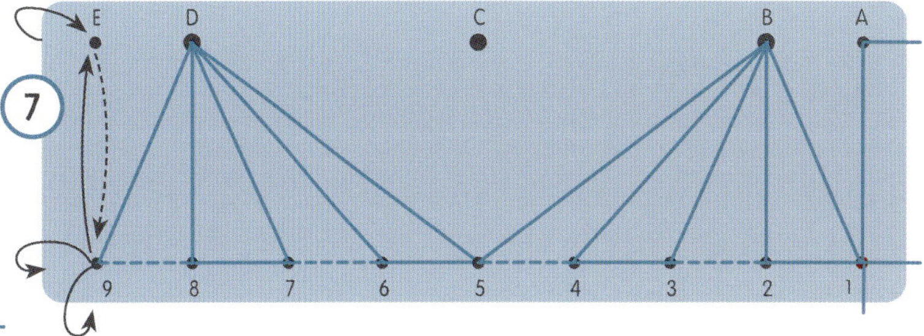

Von Loch D zu Loch 9 gehen, Schlaufe um den Buchrücken legen. Zu Loch E gehen, Schlaufe um die Buchseite legen. Zurück zu Loch E gehen, dann zu Loch 9, Schlaufe um die Buchseite, zurück zu Loch 9.

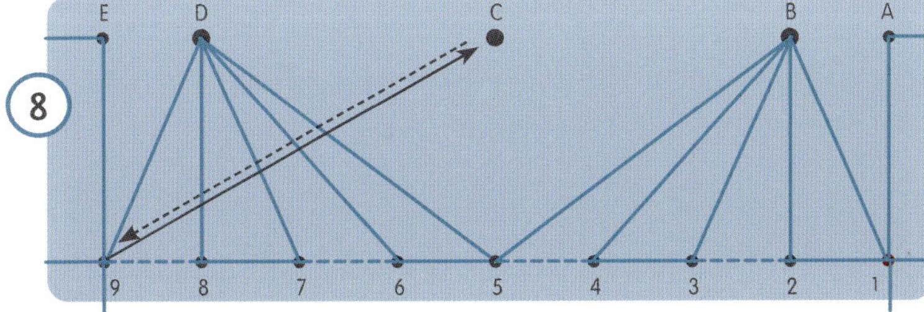

Von Loch 9 zu Loch C gehen, dann zurück zu Loch 9. Von Loch 9 zu Loch 8 gehen. Von Loch 8 zu Loch C gehen und wieder zurück zu Loch 8. Von Loch 8 zu Loch 7 gehen. Weiter im Strahlenmuster über Loch C.

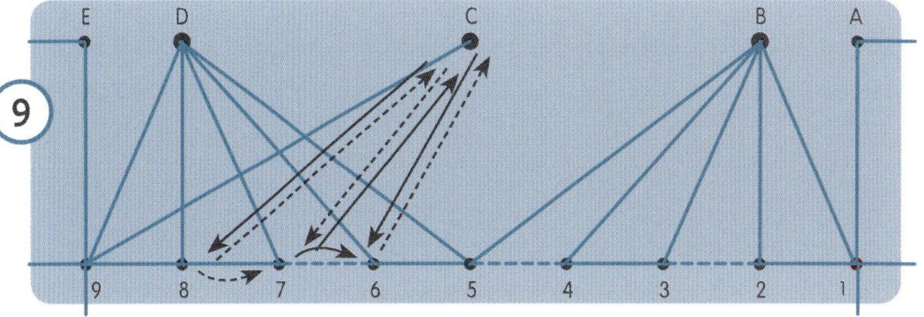

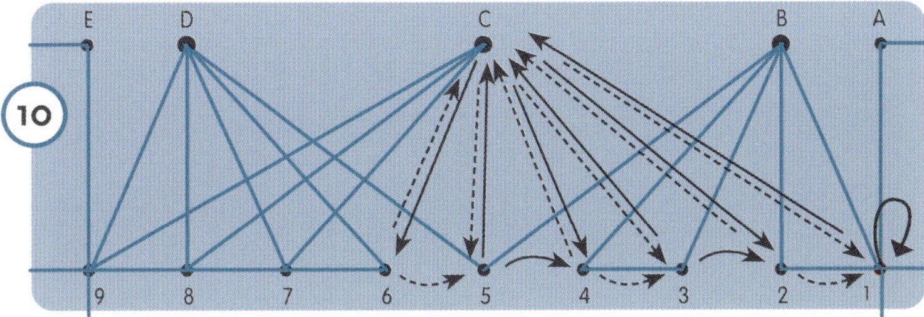

Im Fortgang diesem Schema folgen bis zum Start-Loch. Verknoten und den Knoten auf die Buchvorderseite ziehen.

Hikaru- Gefunkel (Variation)

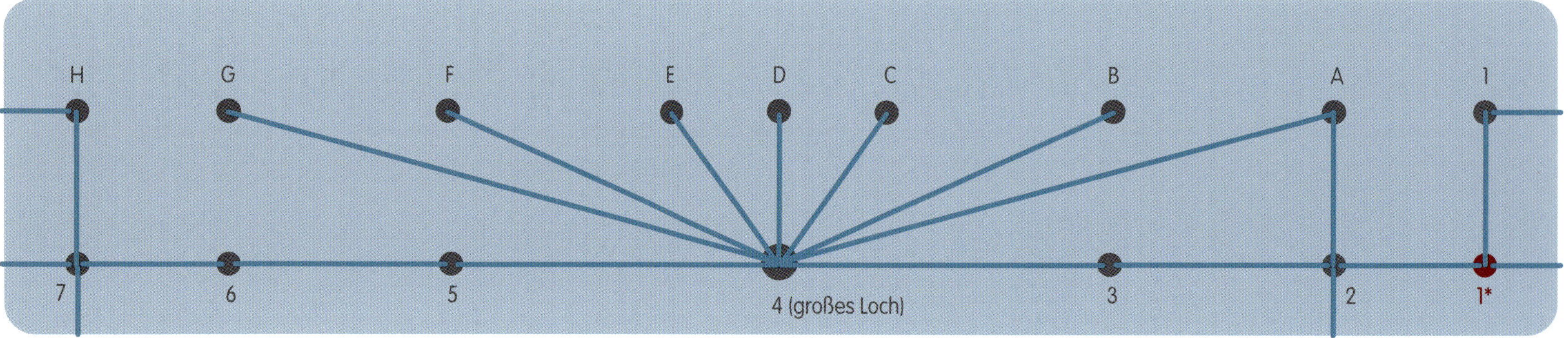

Bindung: Fantasie-Bindung
Fadenlänge: 6,5 x Buchhöhe
Buchhöhe: 21 cm

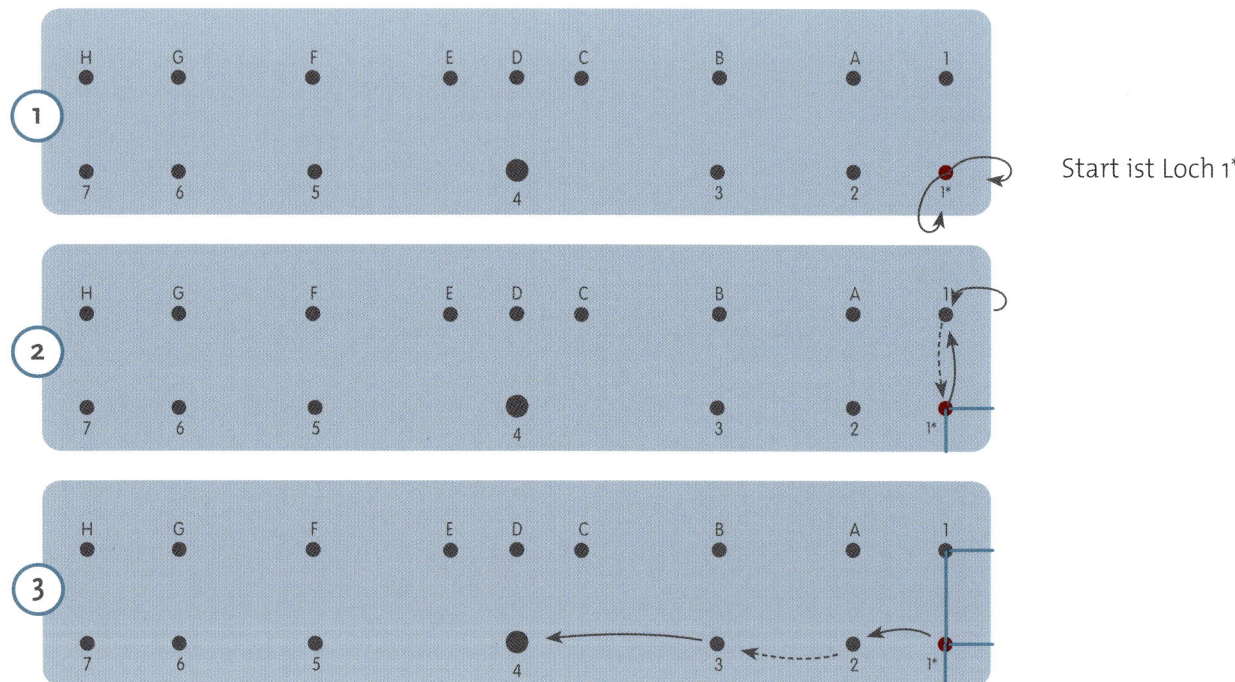

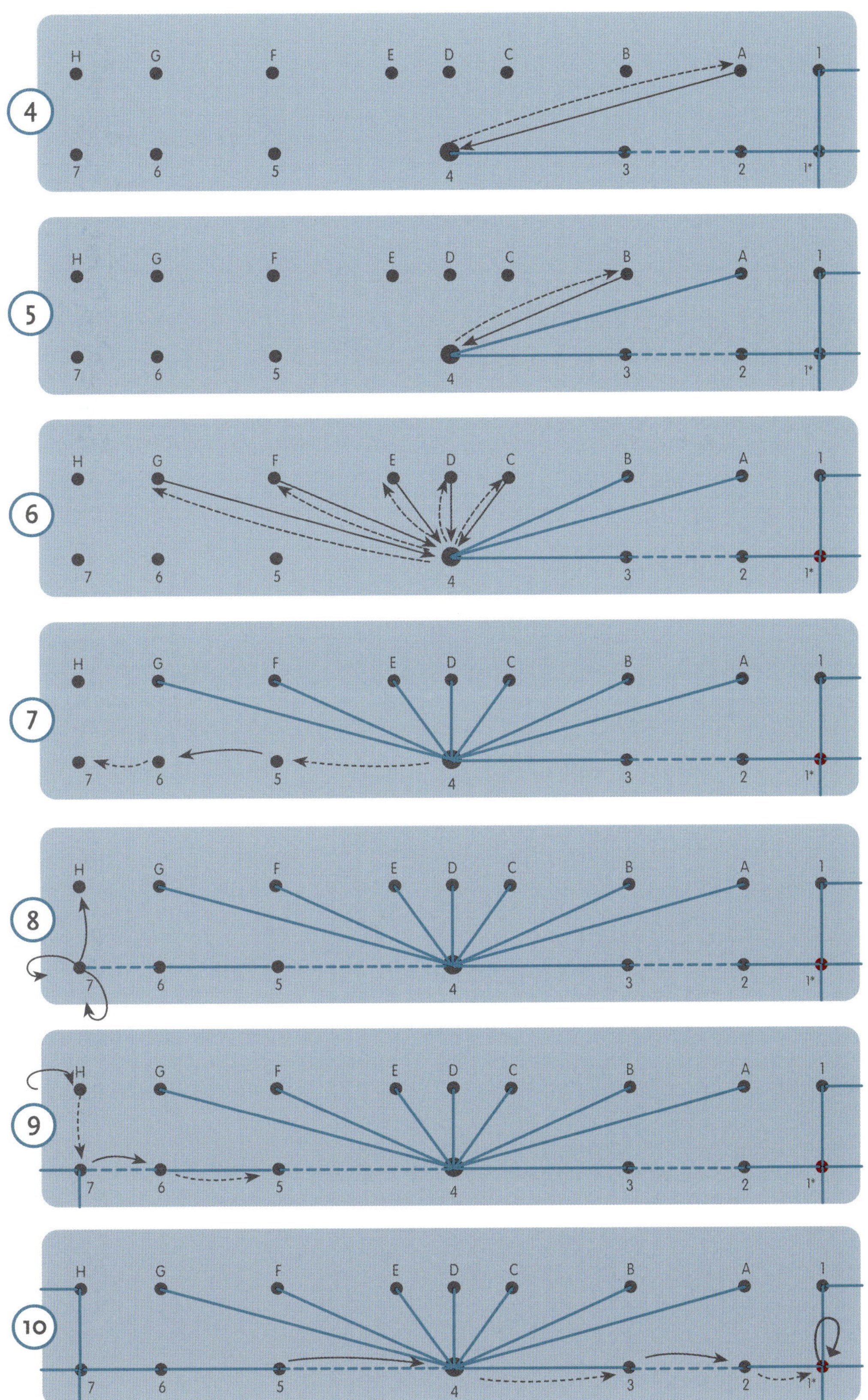

Zum Start-Loch zurückgehen. Verknoten und den Knoten auf die Buchvorderseite ziehen.

Tanabata – Sternenfest

Distanz Gelenk – Buchrücken: ca.7,5 – 8,5 cm

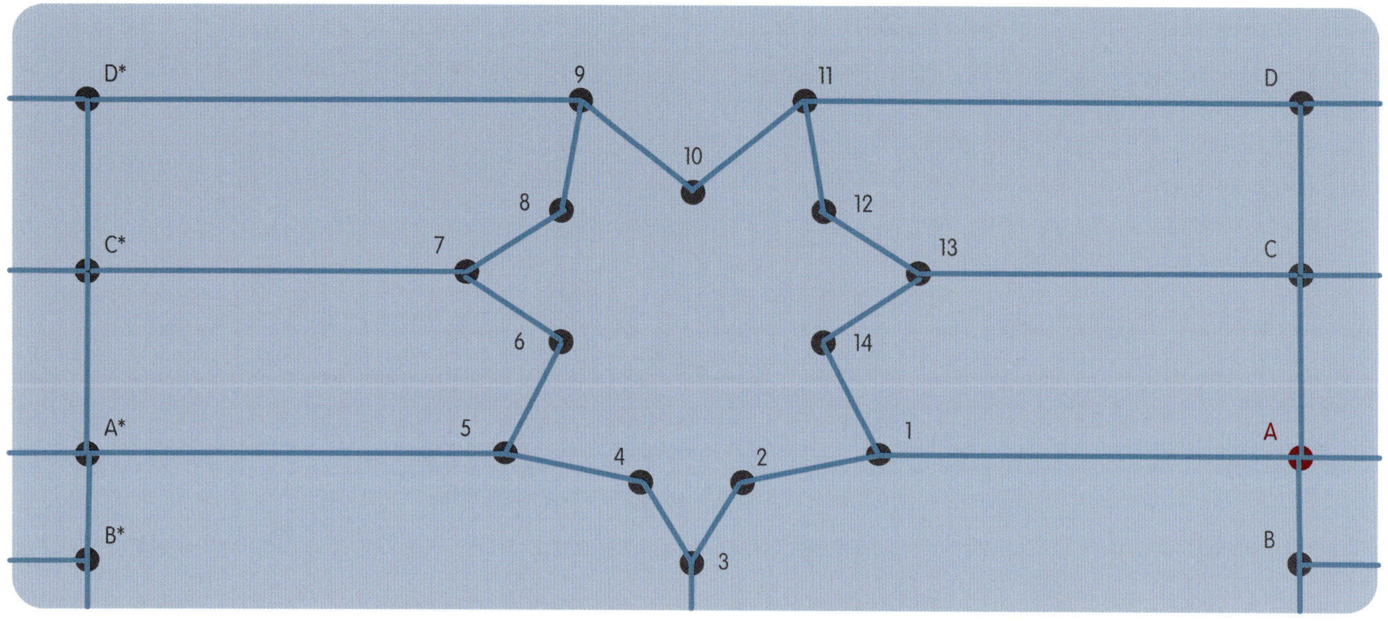

Buchrücken

Bindung: Fantasie-Bindung
Fadenlänge: 10 x Buchhöhe
Buchhöhe: 18 cm

1

Start ist Loch A.
Von Loch A aus Schlaufe um die Buchseite legen, zurück zu Loch A. Von A zu B gehen, jeweils über Loch B eine Schlaufe um die Buchseite und den Buchrücken legen. Zurück zu Loch A gehen.

2

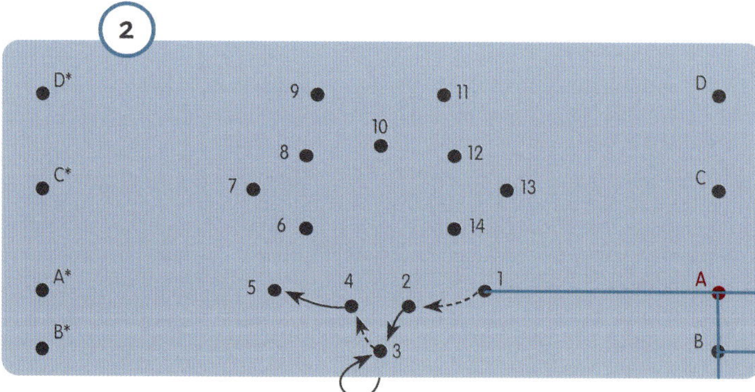

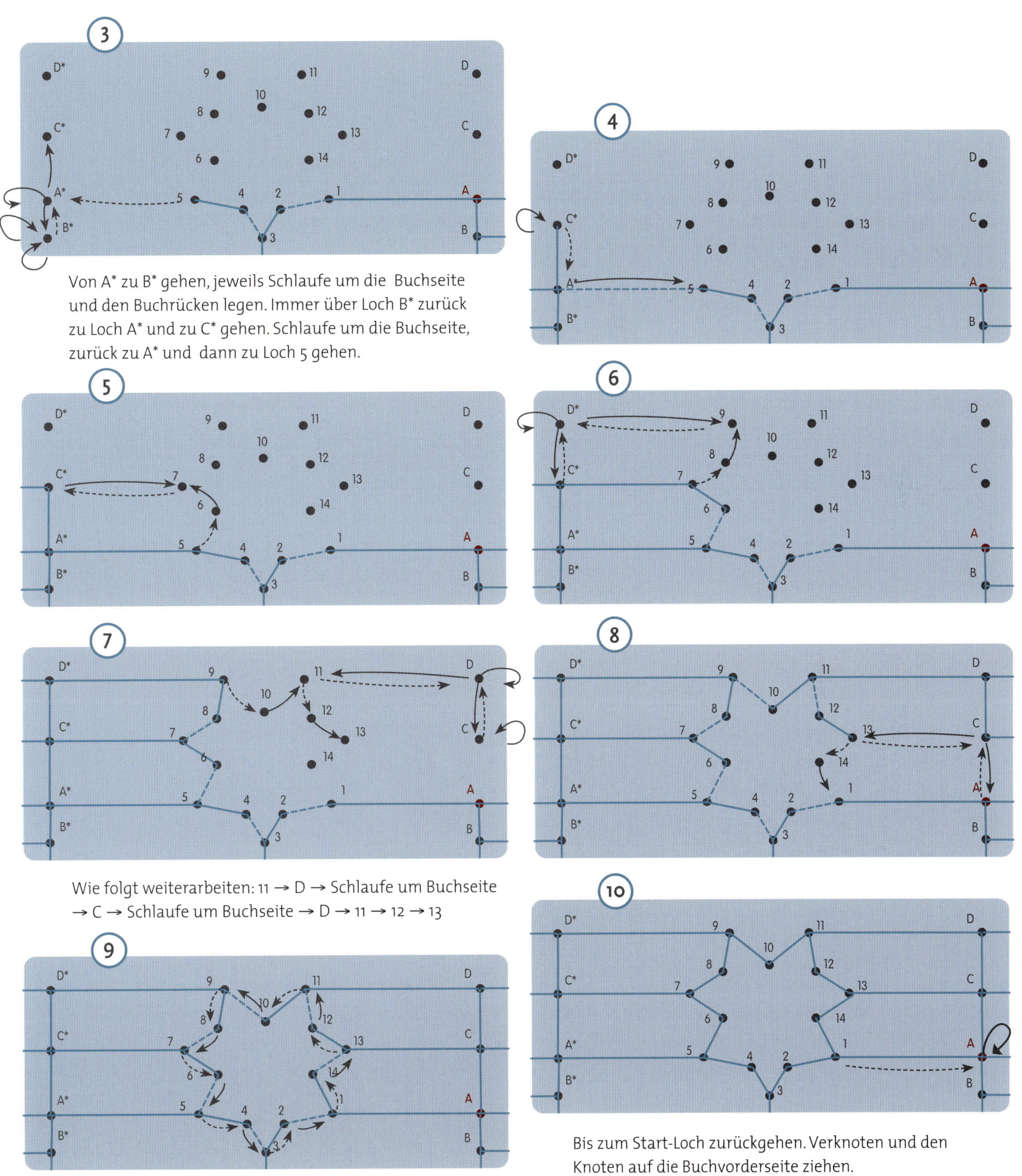

Von A* zu B* gehen, jeweils Schlaufe um die Buchseite und den Buchrücken legen. Immer über Loch B* zurück zu Loch A* und zu C* gehen. Schlaufe um die Buchseite, zurück zu A* und dann zu Loch 5 gehen.

Wie folgt weiterarbeiten: 11 → D → Schlaufe um Buchseite → C → Schlaufe um Buchseite → D → 11 → 12 → 13

Nun den Weg über den Stern zurückgehen.

Bis zum Start-Loch zurückgehen. Verknoten und den Knoten auf die Buchvorderseite ziehen.

Ryoanji – Zen-Garten

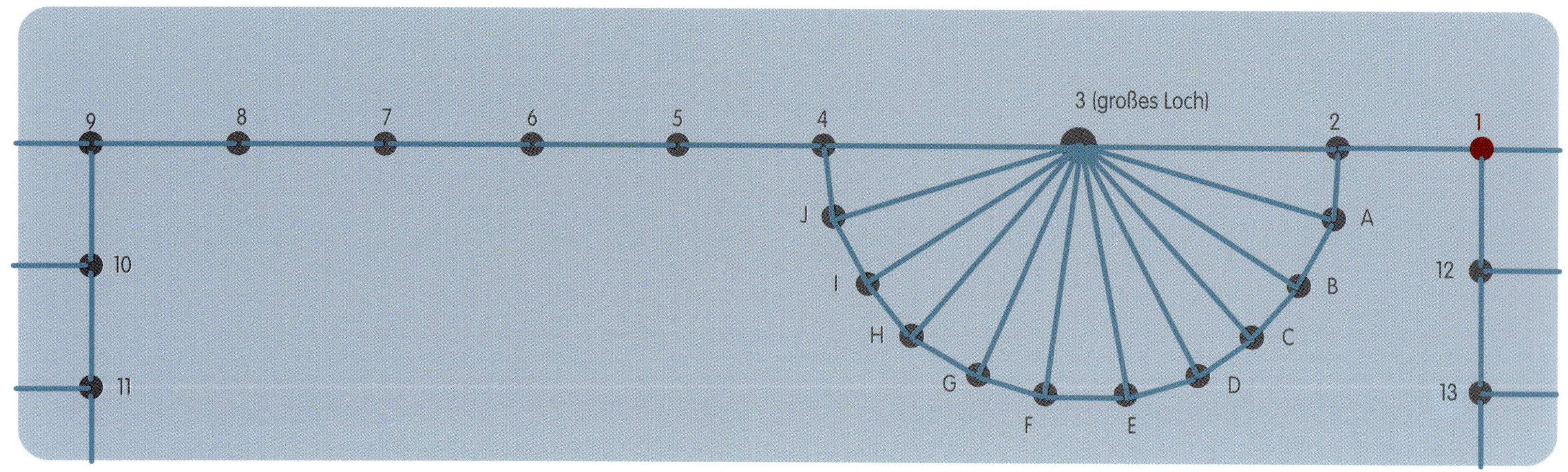

Bindung: Fantasie-Bindung
Fadenlänge: 10 x **Buchhöhe**
Buchhöhe 21 **cm**

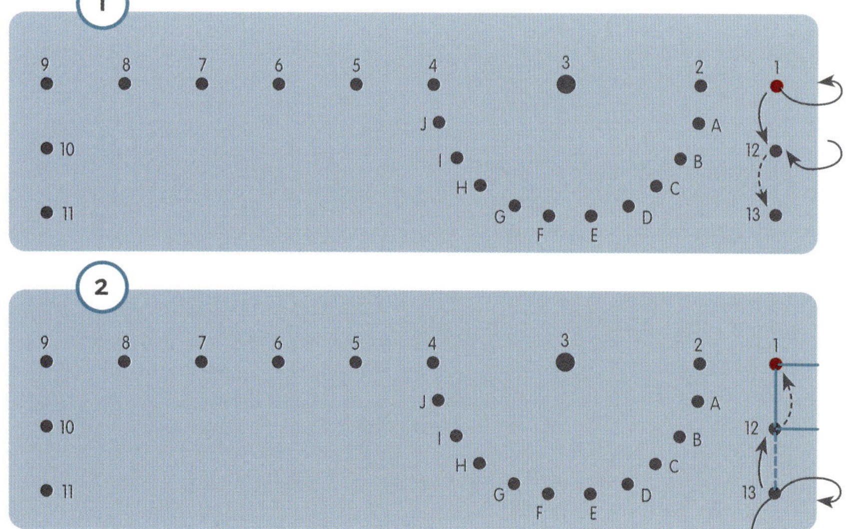

Start ist Loch 1.
Mit dem Faden von der Seite starten.

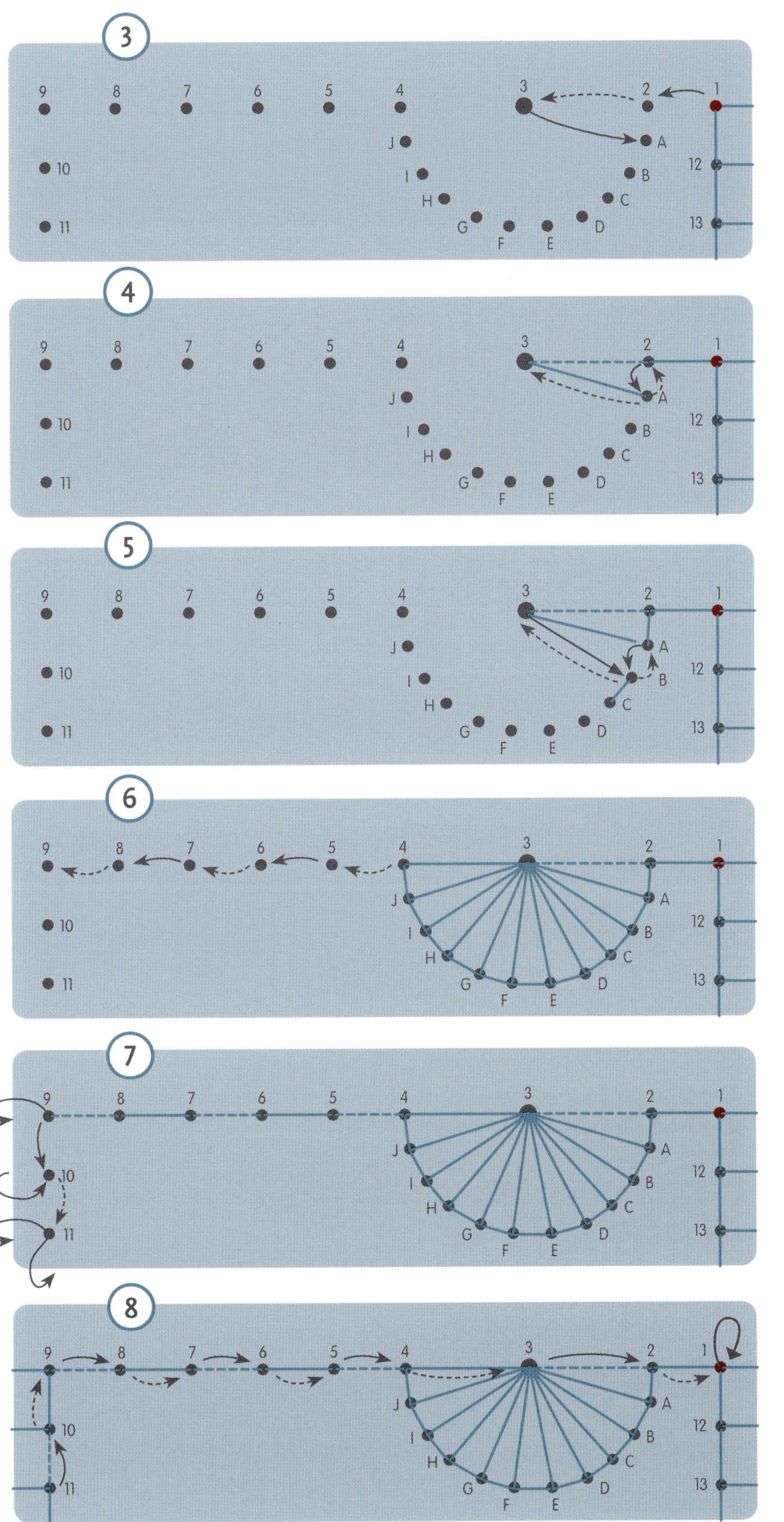

Diese Sequenz so oft wiederholen, bis der Kreis geschlossen ist. Ab Loch 4 nach links weitergehen.

Wie folgt weiterarbeiten: Loch 9 → Schlaufe um Buchseite → 10 → Schlaufe um Buchseite → 11 → Schlaufe um Buchseite und Buchrücken

Im „Rauf-Runter-Modus" zum Start-Loch gehen. Verknoten und den Knoten auf die Buchvorderseite ziehen.

Sakana – Fischgräten-Muster

Distanz Gelenk – Buchrücken: ca. 6 cm

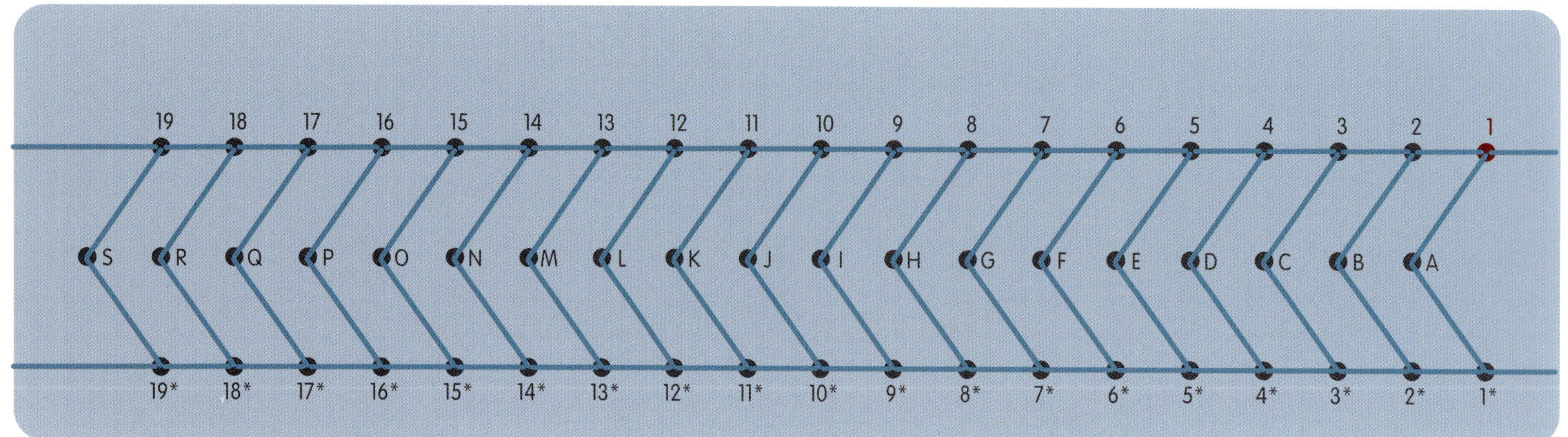

Buchrücken

Bindung: Fantasie-Bindung
Fadenlänge: 14 x Buchhöhe
Buchhöhe: 21 cm

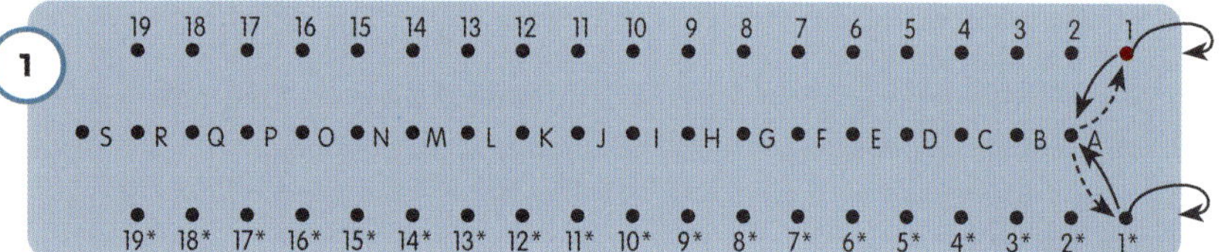

Start bei beiden Varianten ist Loch 1.

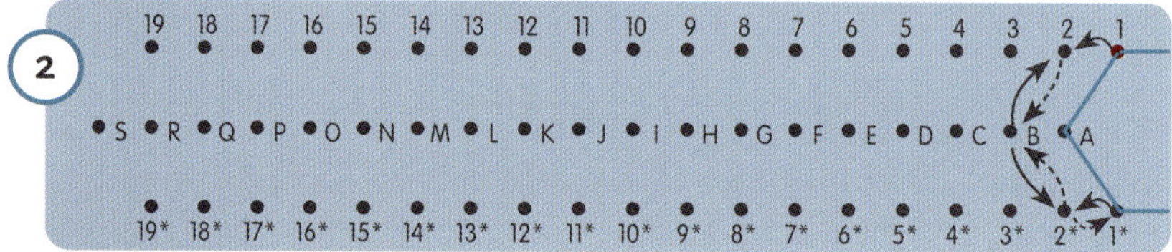

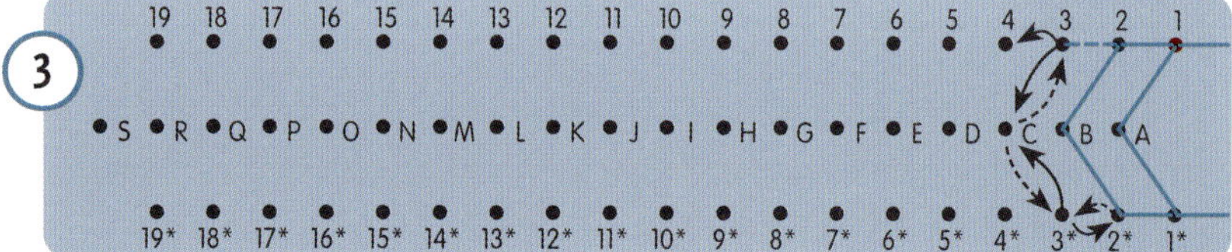

In diesem Rhythmus den Weg weitergehen bis Loch 19 und 19*. Dabei auch die Schlaufen um die Buchseite binden.

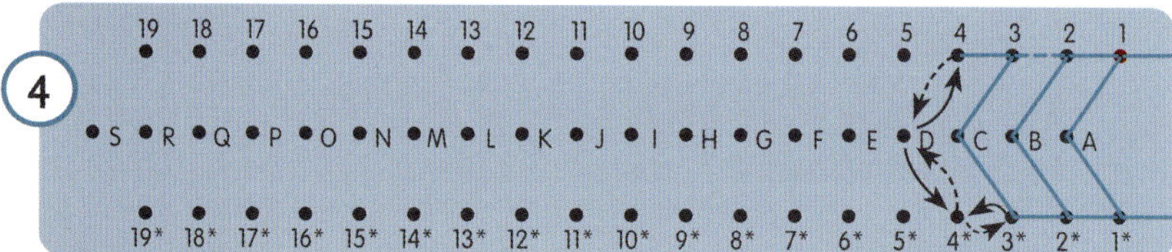

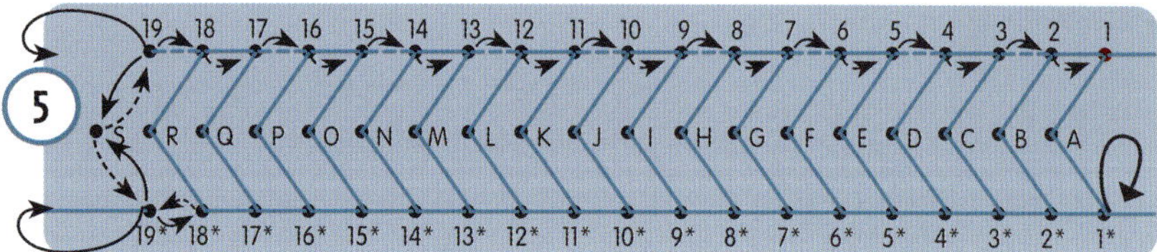

Im „Rauf-Runter-Modus" zum Start-Loch gehen. Verknoten und den Knoten auf die Buchvorderseite ziehen.

Sakana – Variation (Raute)

Distanz Gelenk – Buchrücken: ca. 6 cm

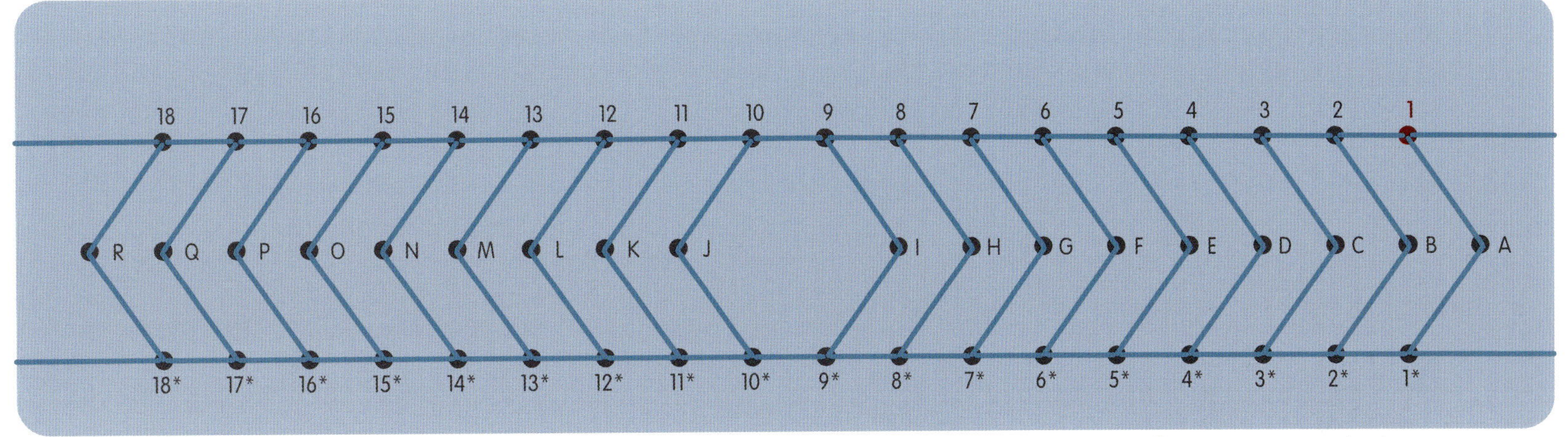

Buchrücken

Bindung: Fantasie-Bindung
Fadenlänge: 13 x Buchhöhe
Buchhöhe: 21 cm

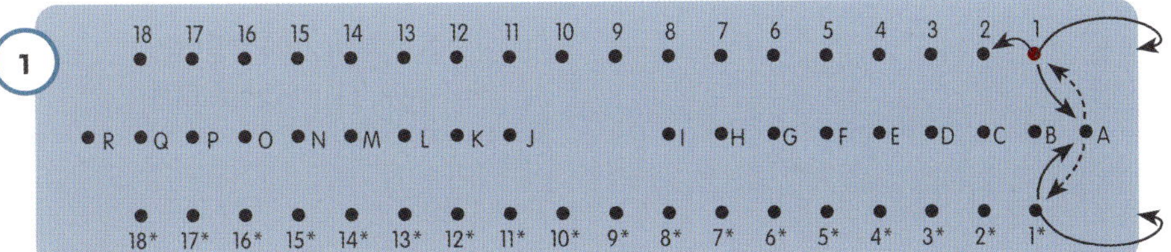

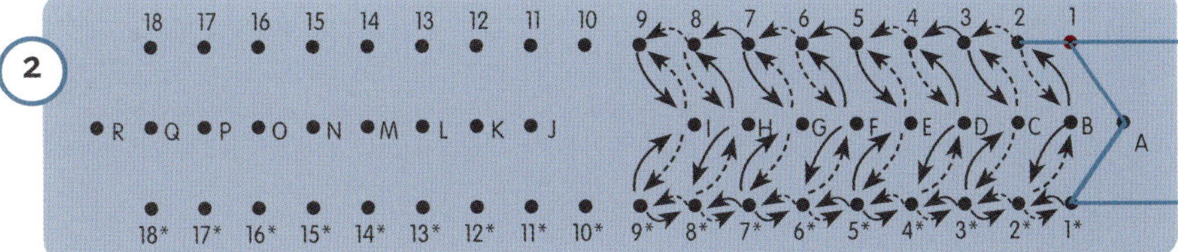

In diesem Rhythmus den Weg weitergehen bis Loch 9 und 9*.

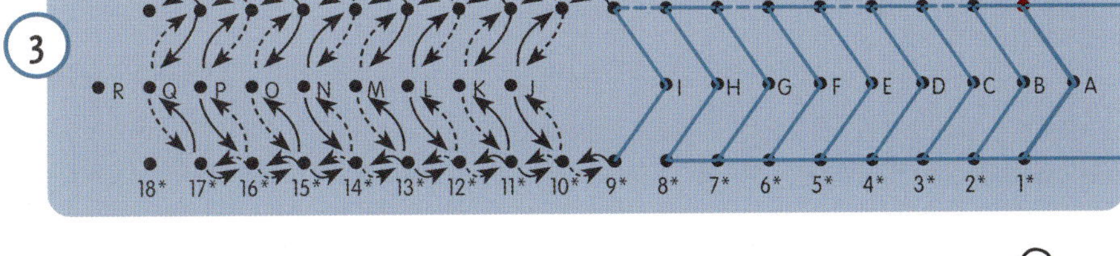

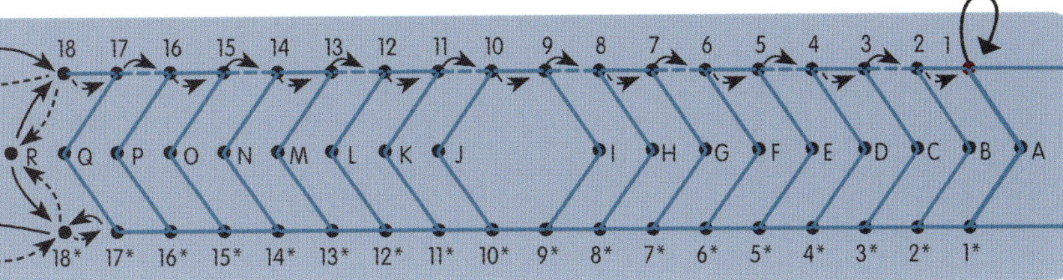

Im „Rauf-Runter-Modus" zum Start-Loch gehen. Verknoten und den Knoten auf die Buchvorderseite ziehen.

KonZENtration

Distanz Gelenk – Buchrücken: ca. 6,5 cm

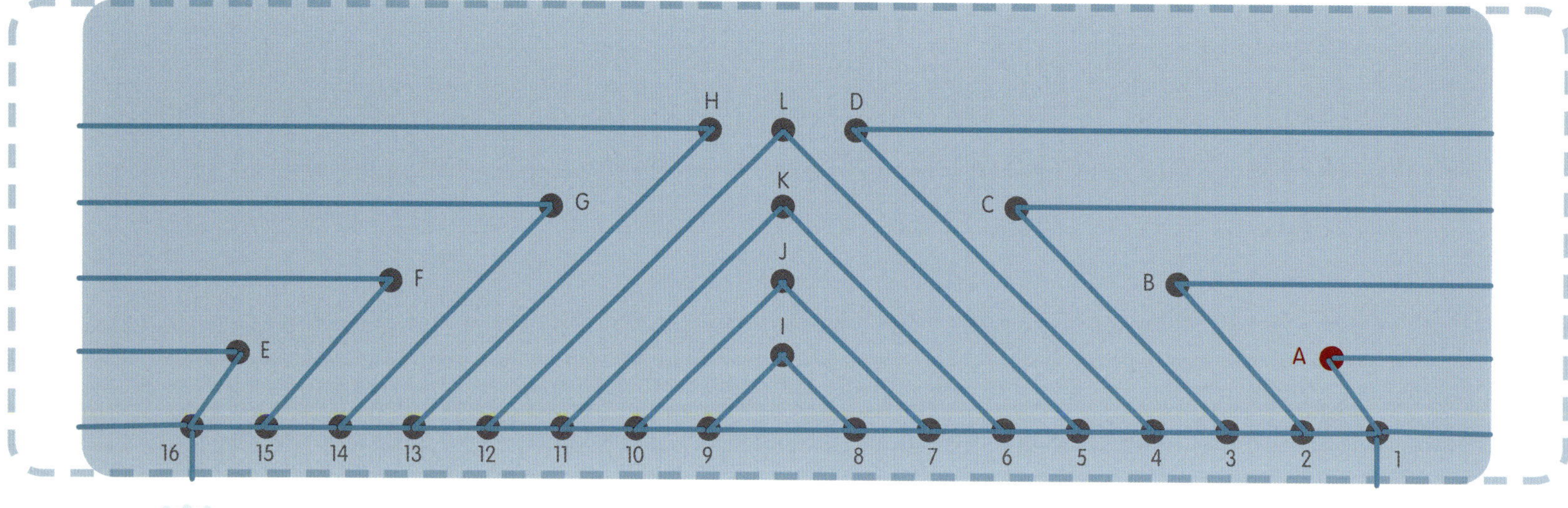

Buchrücken

Bindung: Fantasie-Bindung
Fadenlänge: 12 x Buchhöhe
Buchhöhe: 19 cm, kann auf 21 cm verbreitert werden (gestrichelte Linie in Zeichnung oben, Fadenlänge beachten)

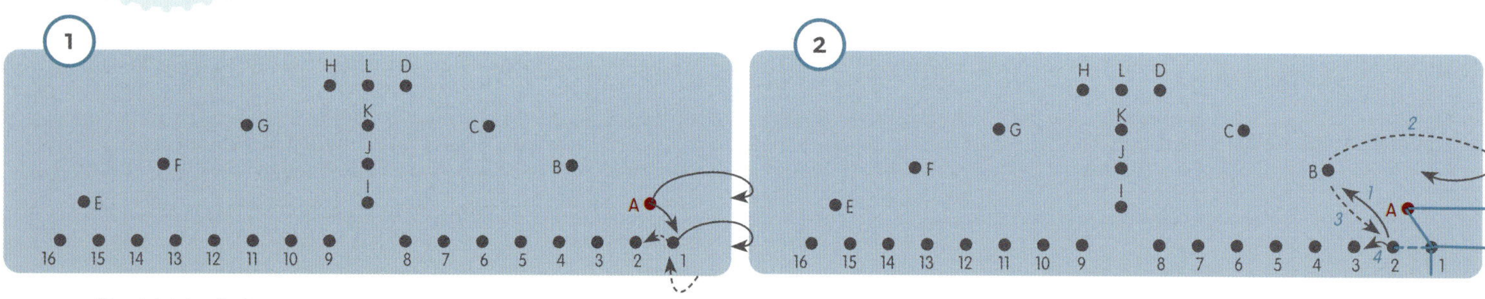

Start ist Loch A.

Von Loch 2 zu B gehen, Schlaufe um die Buchseite legen und zu Loch B zurückkehren. Zurück zu Loch 2 und weiter zu Loch 3. Auf diese Weise dem Schema folgen.

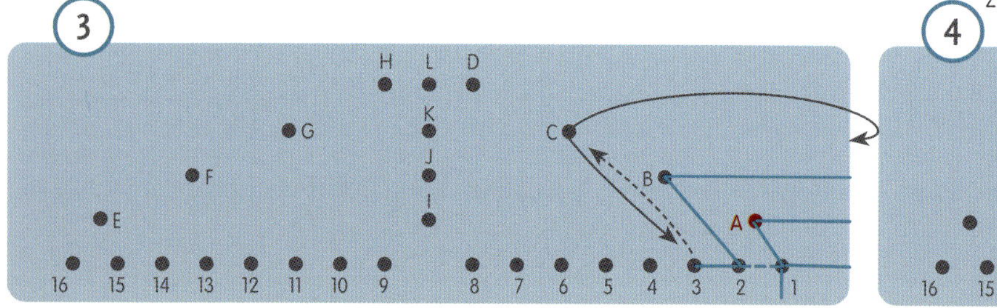

WINTERBINDUNGEN

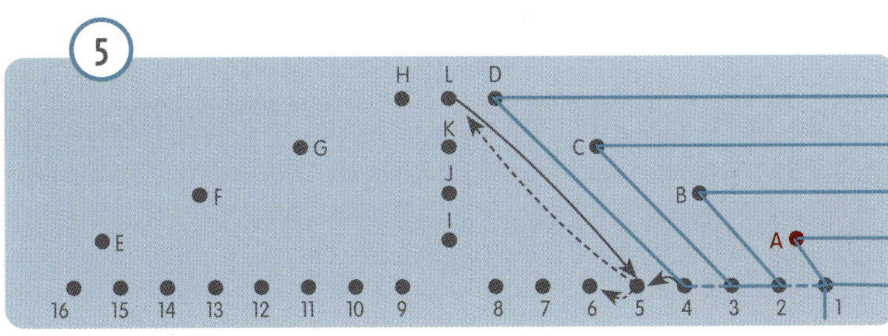

Von Loch 5 zu Loch L gehen und zurück zu Loch 5 gehen.

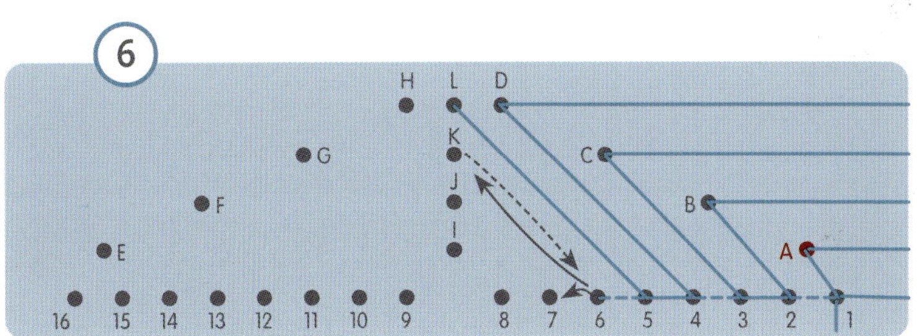

Weiter über Loch 6 zu K und zurück, über Loch 7 . . .

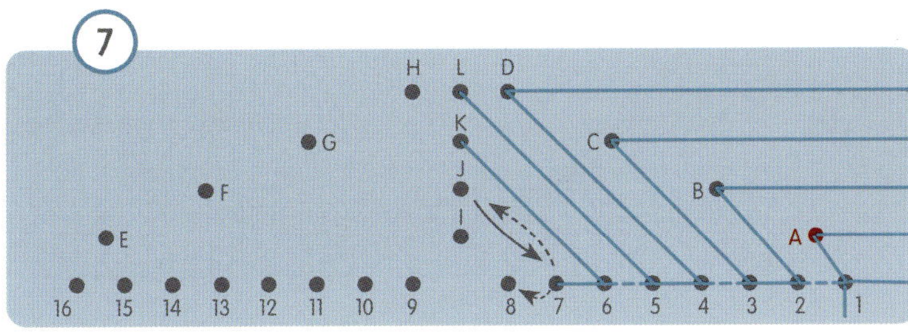

... zu Loch J und zurück ...

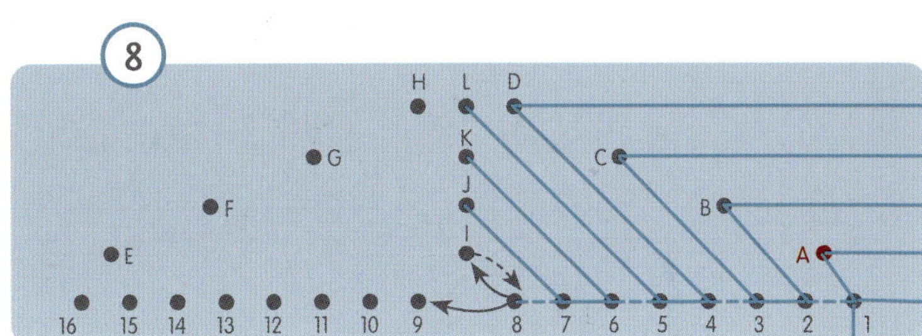

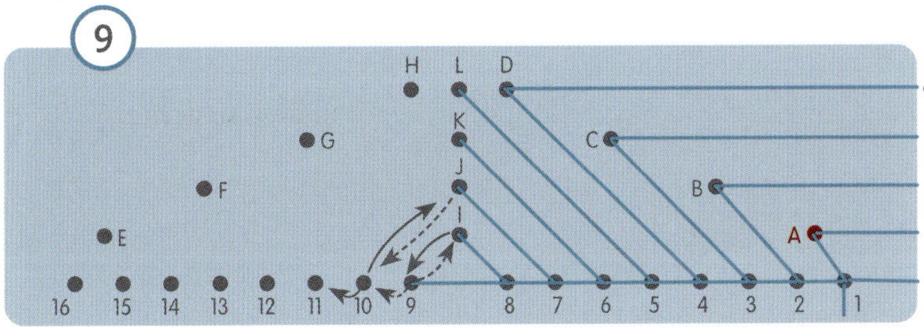

9

Wie folgt weitergehen:
9 → I → 9, →10 → J → 10, → 11 → K → 11, → 12 → L → 12
12 → 13

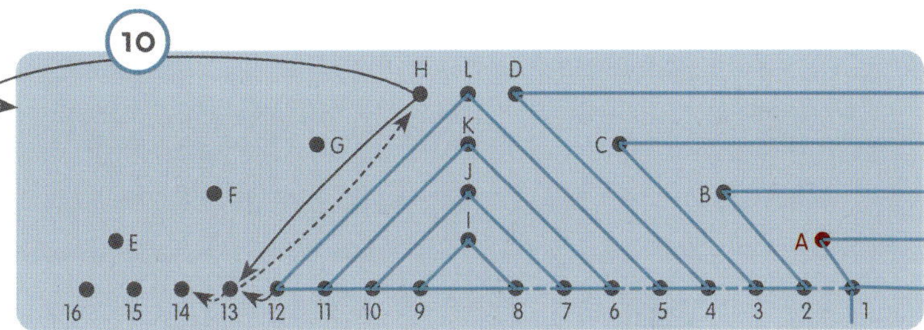

Von Loch 13 zu Loch H, Schlaufe um die Buchseite, zurück über H zu Loch 13 gehen. Weiter zu Loch 14 usw. Die Diagonalen und Schlaufen um die Buchseiten gespiegelt binden.

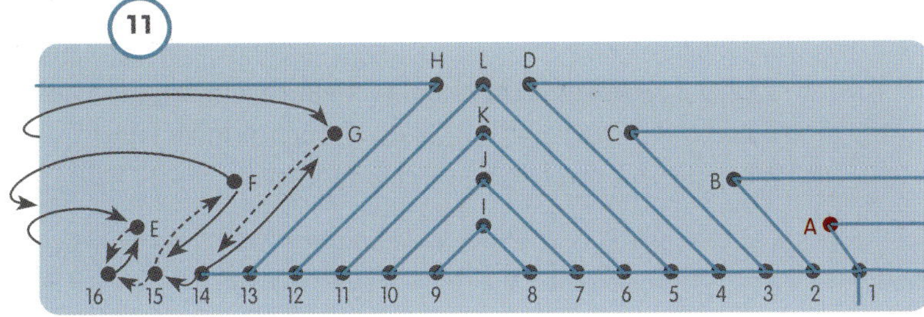

Wie folgt weitergehen:
13 → 14 → G Schlaufe Buchseite → G zurück zu 14
→ 15 → F → Schlaufe Buchseite → F → 15
→ 16 → E → Schlaufe Buchseite → E → 16
Schlaufe jeweils um die Buchseite und den Buchrücken bei Loch 16 legen.

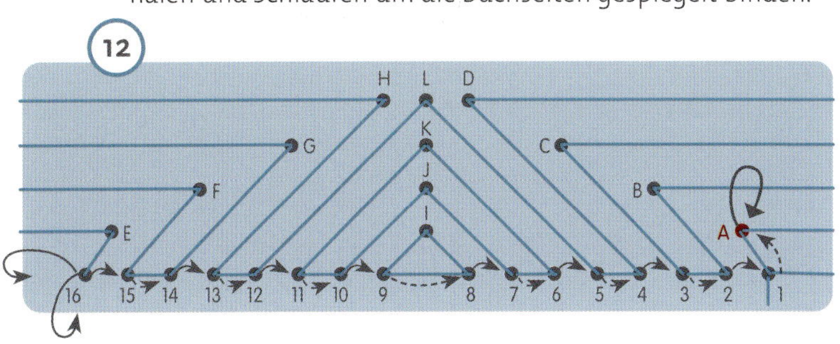

Ab Loch 16 im „Rauf-Runter-Modus" zurück zum Start-Loch gehen.
Bei Loch A angekommen, beendet der Knoten die Bindung. Den Knoten auf die Buchvorderseite ziehen.

手染
友禅紙

Bezugsquellen

Deutschland

Boesner Künstlermaterial
www.boesner.de

Gerstaecker Künstlerbedarf
www.gerstaecker.de

Manufactum
www.manufactum.de
(Wachspapier)

Modulor
Prinzenstraße 85
10969 Berlin
www.modulor.de

Buch Kunst Papier
Sascha Boßlet
Untere Kaiserstraße 55
66386 St. Ingbert-Rentrisch
www.buch-kunst-papier.de

Carta pura
Jonathan Osthoff
Schellingstr. 71
80799 München
www.cartapura.de

ROB. Paul Kumetat GmbH
Annegret Dick
Robert-Perthel-Str. 68
50739 Köln
www.kumetat.koeln

Schweiz

Boesner Künstlermaterial
www.boesner.ch

Gerstaecker Künstlerbedarf
www.gerstaecker.ch

Basler Papiermühle
St. Alban-Tal 37
4052 Basel
www.papiermuseum.ch
(Papiere aus Asien)

Österreich

Boesner Künstlermaterial
www.boesner.at

Gerstaecker Künstlerbedarf
www.gerstaecker.at

Japan

(siehe auch Japanreise Seite 166–193)

Kamiji-kakimoto
Nijo-agaru Teramachi-dori Nakagyo-ku
www.kamiji-kakimoto.jp
(Kleine, exquisite Auswahl an *washi*)

Kyukyodo
Nakagyo Ward
520 Teramachi Dori
604-8091 Kyoto
www.kyukyodo.co.jp

Maruzen Kyoto
Kawaramachidori-sanjo
Nakagyo-ku
Kyoto-shi Tower ru 251, Yamasakimachi
www.bal-bldg.com.e.aeq.hp.transer.com/kyoto/maruzen
(Buchgeschäft und Schreibwaren; befindet sich im Kyoto Bal Gebäude)

Morita washi
1F Kajinoha Building, 298 Ogisakaya-cho
Higashinotoin-dori, Bukkoji agaru, Shimogyo-ku
www.wagami.jp

Tokyu Hands Kyoto
27 Naginataboko-cho
Shijo-Karasuma Higashi-iru
Shimogyo-ku, Kyoto City
www.tokyu-hands.co.jp/en/list/kyoto/

Tokyu Hands
18–12 Udagawa-cho
Shibuya-ku, Tokyo 150
www.tokyu-hands.co.jp

Informationen zu Japan

Japanisches Kulturinstitut Köln
(Japan Foundation)
Universitätsstraße 98
50674 Köln
www.jki.de

www3.nhk.or.jp/nhkworld/
https://www.nhk.or.jp/lesson/
(Japanisch lernen und Videos über Japan)

dies & das

Awagami Factory
www.awagami.com

http://bookandbedtokyo.com
(Übernachtung zwischen Bücherregalen)

http://bookbinding.jp

Hidaka Washi
japanese-paper.hidakawashi.com

http://kakimori.com/english
(Notizhefte selber zusammenstellen)

Miniature Book Society
https://www.mbs.org

www.papersnake.com
(u.a. Millimeterpapier zum Ausdrucken)

https://patternuniverse.com
(kostenlose Muster zum Ausdrucken)

www.takram.com
(besonderes Buchkonzept „A single room with a single book“)

shibori.org
(über Shibori)

Tokyo Bookbinding Club
http://bookbinding.jp

Bücher

Brüggemann, Anka: Papier trifft Faden.
Buchseiten bunt bestickt – 25 Projekte.
Haupt 2023

D'Aquino, Andrea: Es war einmal ein Stück Papier.
Das Praxisbuch Collagen – mit 50 Buntpapieren.
Haupt 2017

Kyle, Hedi / Warchol, Ulla: In Falten gelegt.
Handgemachte Bücher und Papierobjekte.
Haupt 2018

Langwe, Monica: Bücher binden.
25 Buchobjekte aus Papier und Faden.
Haupt 2021

McGrath, Lucy: Papier marmorieren.
Von den Grundmustern bis zu anspruchsvollen Techniken.
Haupt 2021

Müller, Michaela: Bunte Bücher.
Muster gestalten, Einbände drucken, Bücher binden.
Haupt 2017

Müller, Michaela: Stoff trifft Papier.
Textile Bücher und andere Verbindungen.
Haupt 2019

Weber, Therese: Die Sprache des Papiers.
Eine 2000-jährige Geschichte.
Haupt 2004

Youngs, Clare: Collagen.
30 Projekte für Wandkunst, Briefpapier,
Wohnaccessoires und mehr.
Haupt 2018

Über die Autorin

Nach dem Studium der freien Kunst an der Werkkunstschule Köln (u.a. bei Daniel Spoerri, Stefan Wewerka und Eckard Alker) und einer Zusatzausbildung in Kunst- und Textilgestaltung für die Sekundarstufe 1 war die Künstlerin Petra Paffenholz lange freiberuflich tätig. Sie arbeitete als Kostümbildnerin und Maskengestalterin im Film- und Theaterbereich, als Illustratorin von Kinder- und Schulbüchern sowie als Dozentin für unterschiedliche Kunst- und Kreativitätsprojekte an Schulen und anderen öffentlichen Einrichtungen.
Ihrer Faszination für das japanische Kunsthandwerk führte sie mehrmals nach Japan. Mit jeder Reise vertiefte sich ihr Wissen. Die Inspirationen finden sich sowohl im angewandten Bereich als auch in ihrer persönlichen künstlerischen Tätigkeit wieder.

Danksagung

Mein herzlicher Dank gilt den Menschen, die mich bei diesem aufwendigen Projekt unterstützt haben. Ohne ihre Hilfe, vor allem die Übersetzungen der E-Mails durch Yukio Kono, hätte ich niemals Kontakt zu den Geschäften und Herstellern gefunden.

Besonders betonen möchte ich die Unterstützung durch Yo Yamazaki, der mit mir durch halb Tokio gefahren ist, um mir den „geheimen“ Ort mit den *nishikigoi* (japanische, farbenprächtige Koi-Fische) zu zeigen. Ein Ort, den wahrscheinlich kein Tourist je zuvor entdeckt hat. Dank seiner Hilfe konnte das Aufmacherfoto für das Sommerkapitel entstehen.

Stefanie Vincenti vom Japanischen Kulturinstitut Köln hat Korrektur gelesen im Hinblick auf japanische Ausdrücke.

Ursula Werner hat die meisterhaften Kalligrafien der Jahreszeiten für dieses Buch gemalt. (www.kalligraphie-ursulawerner.com).

Bei Kristina Körner, die sich mit zwei poetischen Büchern an das Abenteuer Buchbinden gewagt hat, bedanke ich mich für die Möglichkeit, die einzelnen Arbeitsschritte zu dokumentieren.

Bei der japanischen Bevölkerung bedanke ich mich noch einmal ganz herzlich. Viele unbekannte Helfer*innen, haben mich mit japanischer Hilfsbereitschaft und Freundlichkeit „gerettet“, wann immer ich mich im Labyrinth der Straßen oder Bahnhöfe verirrte. Denn Google Maps weiß auch nicht alles ...

Arigato gozaimasu!

ありがとうございます

1. Auflage: 2019

ISBN 978-3-258-60211-0

Umschlaggestaltung, digitale Illustrationen, Layout und Satz: Ines Braun, D-Köln
Handgezeichnete Illustrationen und Fotos: Petra Paffenholz, D-Köln
Lektorat: Claudia Huboi, D-Köln, kreisrund-redaktion.de

Wir verwenden FSC®-zertifiziertes Papier. FSC® sichert die Nutzung der Wälder gemäß sozialen, ökonomischen und ökologischen Kriterien.
Gedruckt in Slowenien

Diese Publikation ist in der Deutschen Nationalbibliografie verzeichnet.
Mehr Informationen dazu finden Sie unter http://dnb.dnb.de.

Der Haupt Verlag wird vom Bundesamt für Kultur für die Jahre 2021–2024 unterstützt.

© Shutterstock, Huza Studio

Sie möchten nichts mehr verpassen?

Folgen Sie uns auf unseren Social-Media-Kanälen und bleiben Sie via Newsletter auf dem neuesten Stand.

www.haupt.ch/informiert

Wir verlegen unsere Bücher mit Freude und großem Engagement. Daher freuen wir uns immer über Anregungen zum Programm und schätzen Hinweise auf Fehler im Buch, sollten uns welche unterlaufen sein.

www.haupt.ch